JN025038

ネットワーク技術 入門

三和 義秀 著

共立出版

はじめに

　近年のIT技術や通信技術の進展により，「IoT・AI時代」が到来しています。従来インターネットに接続されていなかったカメラやセンサ機器，車，家電製品など，あらゆるモノがネットワークを通じてサーバに接続されることでビッグデータが生成され，それをAI技術で分析・活用しています。そして，IoT (Internet of Things)，クラウドサービス，5Gなど，次々と新たなネットワーク技術の革新も起こっています。

　このような時代を踏まえ，本書はインターネットの誕生から変わらないネットワーク技術の基礎知識を理解したうえで，IoT・AI時代の新しいネットワークの知識・技術を修得する入門書で，文系・理系を問わない大学や専門学校の講義用テキストとして活用いただくことを想定しています。

　本書の特徴として，大学や専門学校の初年次の学生が修得しておくべきネットワークの基本技術の機能・仕組みや活用事例をわかりやすく説明し，その内容の要点はそれぞれの図や表の中にも記述して再確認できるようにしています。また，各章の演習問題として，独立行政法人情報処理推進機構によって実施されているITパスポート試験，基本情報技術者試験およびネットワークスペシャリスト試験のネットワーク分野の基礎知識を対象とした過去問題を掲載し，学習者の理解度の確認とIT分野の資格試験を受験する動機づけを図っています。

　本書は1章から5章で構成しています。第1章では，ネットワークの基本技術である回線交換方式とパケット交換方式，LAN (Local Area Network)，イーサネット (Ethernet)，無線LANで利用する周波数と通信速度の仕組み，各種サーバの種類と機能，クラウドサービスについて説明しています。

　第2章では，ネットワークを理解するうえで欠かせない知識となるOSI参照モデルとTCP/IP参照モデルに焦点をあて，OSI参照モデルの各層の名称・機能・機器，OSI参照モデルにおけるデータの受け渡し方法であるPDU (Protocol Data Unit) やカプセル化，またTCP/IP参照モデルの機能と役割，TCP/IPのパケットの

ヘッダ情報について解説しています。

第3章では，ビットやバイトによる情報の表現方法や基数変換の方法を説明したうえで，IPアドレス，サブネットマスク，NAT (Network Address Translation) と NAPT (Network Address Port Translation)，ルーティング，IPアドレスと MAC アドレスの仕組みや役割について解説しています。

第4章では，IoT ネットワーク技術として IoT の概念や仕組み，IoT の活用事例，IoT ゲートウェイ，IoT 向けの代表的な無線通信技術や通信プロトコルについて解説しています。

最後に，第5章では情報セキュリティの基本知識として暗号化と復号，ネットワークにおけるセキュリティ技術として無線通信 (Wi-Fi) のセキュリティ，ファイアウォール，DMZ (DeMilitarized Zone)，VPN (Virtual Private Network) について解説しています。

このような本書の内容や特徴によって，IoT・AI 時代に必要なネットワークリテラシを効率よく身につけていただければ幸いです。

本書の執筆にあたり，図書や Web サイトなどの多くの優れた文献を参考にさせていただきました。ここに，厚くお礼申し上げます。

最後になりますが，本書の出版に際して共立出版株式会社の吉村修司氏に多大なるご尽力を賜りまして心からお礼を申し上げます。また，本書の校正においてお力添えをいただいた愛知淑徳大学非常勤講師の神田久恵先生に深く感謝いたします。

2023年10月

三和 義秀

目 次

第4章　IoT とネットワーク技術　　91

第5章　情報セキュリティの技術　　109

第1章 ネットワーク技術の基礎

この章では，ネットワーク技術の基礎知識として，ネットワークの基本機能，インターネット，LAN，クライアント／サーバシステム，クラウドサービスについて学習します。

1.1 ネットワークの基本機能

ネットワーク (network) の基本機能は，パソコンやスマートフォンなどの情報端末や通信装置，情報を蓄積・提供するサーバなどの機器を有線や無線で相互接続して情報の交換や共有を可能にすることです。

ネットワークのデータ通信では，送信側はパソコンなどで取り扱う「ビット（2進数の0と1）」のデータを通信回線が対応している信号に変換して送信し，受信側では届いた信号をパソコンで処理できるビットのデータに変換します（図1.1）。それぞれの通信回線が対応する信号の種類は通信媒体に依存して異なり，例えば銅線のケーブルでは電気信号，光ケーブルでは光信号，無線の場合は電波の波形によってデータ通信が行われます。

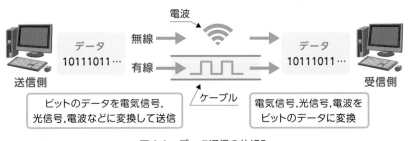

図 1.1　データ通信の仕組み

このようなネットワークの機能や技術によって，インターネットでは電子メールの送受信や Web サイトの閲覧，ファイルの転送や共有，SNS など様々なサービスの提供が実現されています。

さらに，近年の通信や AI（人工知能）技術の飛躍的な進歩に伴い，エアコンや冷蔵庫などの家電製品，自動車，防犯カメラ，工場の生産装置やロボットなど，従来はインターネットに接続されなかった「モノ」を相互に接続してモノ同士を連携させる「IoT (Internet of Things)」という技術が急速に発展しています。IoT によって，モノ同士に機能的なネットワークを構築することで，モノへの制御や操作がインターネットを通して遠隔地から可能になり，より高い価値やサービスを生み出す新しいネットワーク社会が誕生しつつあります。

1.2　インターネット

インターネット (internet) の原型は，1969 年に開発された米国防総省のネットワークである「ARPANET (Advanced Research Project Agency NETwork：アーパネット)」といわれています。ARPANET は米国各地に分散していたコンピュータ同士を通信回線で相互接続し，ネットワークの管理機能を分散させた軍事用の「分散型ネットワーク」として構築されました。ARPANET では，通信データを「パケット (packet)」と呼ばれる小さなデータに小分けしてから転送し，そのパケットを受信側で復元する「パケット通信」という技術が開発・採用されました。

ARPANET 以外にも，1970 年にハワイの島々にあったハワイ大学のキャンパスをネットワークで結ぶ無線通信システムである「ALOHAnet：アロハネット)」がハワイ大学で開発されました。さらに 1986 年には大学などの研究機関を接続した学術ネットワークとして「NSFnet (National Science Foundation network：エヌエスエフネット)」という全米科学財団のネットワークが構築されました。このように米国各地に点在していたコンピュータシステム間が接続され，後に ARPANET と相互接続されて今日のインターネットに発展しました。

初期のネットワークが誕生した頃はメーカごとにハードウェアの仕様や通信規約が異なり，メーカが異なると正確な通信ができない状況があったことから，

複数の異なるネットワークや異機種のコンピュータを接続するための新しい技術の開発が始まりました。その成果として，「**TCP/IP** (Transmission Control Protocol/Internet Protocol：ティーシーピー・アイピー)」というインターネットの原点となる通信技術が誕生し，TCP/IP によって世界中に独立していたネットワークやコンピュータシステムが相互接続できるようになりました。

　このような TCP/IP やパケット通信の技術によって「ネットワークのネットワーク」であるインターネットという世界規模の通信ネットワークが誕生し，TCP/IP はインターネットの標準的な通信規約になっています（図 1.2）。

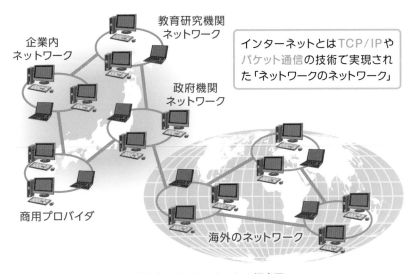

図 1.2　インターネットの概念図

　インターネットのような世界中の異なる機種・仕様のコンピュータや通信機器が接続されているネットワーク上で正確なデータ通信を実現するためには，ケーブルの統一規格，通信の経路，通信過程でのエラー対処方法など，様々な規約を標準化することが必要になります。このネットワークの「規約」のことを「**プロトコル (protocol)**」といい，日本語で「**通信規約**」と訳されます。なお，インターネットは国際的に標準化された「**OSI 参照モデル**」（2.1 節参照）と「**TCP/IP 参照モデル**」（2.3 節参照）というプロトコルに基づいて設計・運用されています。

1.3 回線交換方式とパケット交換方式

ネットワークの通信には，回線を占有して通信を行う「回線交換方式」と回線を共有して通信を行う「パケット交換方式」という2種類の方式があります。

1.3.1 回線交換方式

回線交換方式は，固定電話のように通信を行う前に1対1で通信路を接続・確保しておく方式です。回線交換では回線は交換機によってつながれ，1本の回線を1つの通信で占有することになり，他のコンピュータが通信を試みても「通信中」になって通信できなくなります（図1.3）。

このような回線交換方式は信頼性の高い通信を可能にする一方で，データが流れていないときも回線は占有されたままになって別のデータを送信できないなど通信効率は悪くなります。

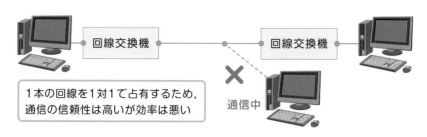

図1.3 回線交換方式の仕組み

1.3.2 パケット交換方式

回線交換方式の通信の効率の悪さを改善する方式として「パケット交換方式」があります。「パケット (packet)」とはインターネットなどのネットワークを流れるデータのことで，「小包」という意味があり，データを小さくパケットに分解してパケット単位でデータのやり取りを行う通信方式です。

ネットワークの一義的な目的は，データの送受信を正確かつ効率よく行うことです。例えば写真や動画のような大容量のデータをそのままのサイズで送信すると，

そのデータが受信側のコンピュータに着信するまで回線を占有してしまい，通信効率が悪くなります。そこで，回線の占有を回避するためにデータを小さな情報量のパケットに分解して送信し，パケットが受信側に着信してから分割された複数のパケットを組み合わせます（図1.4）。なお，データをパケットに分割して小分けすることを「IP フラグメンテーション (IP fragmentation)」といい，fragmentation には「断片化」という意味があります。

　このような仕組みのパケット交換方式により，送信先や送信元が異なるパケットも同時に1本の回線に混在させて送信することができ，通信の効率を高めることができます。

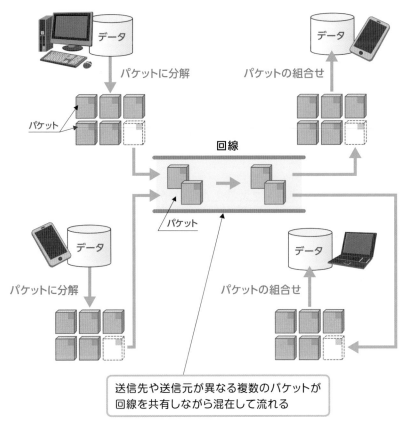

図 1.4　パケット交換方式の仕組み

1.4 LAN

1.4.1 LANとは

　企業内など限定された範囲のネットワークを「**LAN (Local Area Network)**」といい，物理的なケーブルを使う「**有線LAN**」と電波や赤外線を使用する「**無線LAN**」があります。

　LANは世界規模のネットワークであるインターネットに比べると閉鎖的で小さなネットワークシステムですが，複数のLANを相互に接続したり分割したりすることで，通信の目的や用途に応じてその範囲を自由に設定して効率よくネットワークを運用することができます。例えば，LANの規模が拡大してLAN上を流れるデータ量が増えてきた場合は，1つのLANを複数のLANに分割してデータの流れを効率よくすることができます。なお，その分割されたLANの1つの範囲を「**セグメント (segment)**」という単位で表現します。

　このようなLANを設置することで複数の利用者間での「資源共有」という利点が生まれ，例えば企業内の1か所に保存されているファイルの情報を共有したり，高速プリンタなどの機器を複数の利用者で共同利用したりすることも可能になります。

1.4.2 役割の違いによるLANの分類

　LANは接続される機器の役割の違いによって分けられ，すべての機器が同等である「**ピア・ツー・ピア方式**」と，サービスを提供する側の機器とサービスを受ける側の機器に役割を分ける「**クライアント／サーバ方式**」に分類されます（図1.5）。

　ピア・ツー・ピア (peer to peer) のpeerには「同等の存在」という意味があり，それぞれのコンピュータが上下関係のない同等の関係として接続されます。この方式は家庭内など小規模なLANで採用され，個々のコンピュータ同士がサーバ（1.7節参照）を介さずにデータを直接交換する方式です。

　一方，企業などでは数多くのパソコンや通信機器が接続され，大容量のデータが処理の対象となることから，サーバを用いた「クライアント／サーバ方式」が広く普及しています。

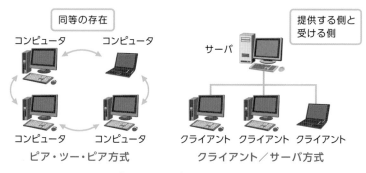

図 1.5　LAN の分類 (ピア・ツー・ピア方式とクライアント／サーバ方式)

1.4.3　トポロジーの違いによる LAN の分類

　LAN は，ネットワークの接続形態を基準として分類されることもあります。ネットワークの配線方法や構成方法などの接続形態を「**トポロジー (topology)**」といい，その代表的なトポロジーの種類として「**スター型**」，「**リング型**」および「**バス型**」があります。

(1) スター型

　スター型とは，主にハブ（集線装置）を用いてコンピュータや通信機器を接続していく接続方式です（図 1.6）。スター型では中央部の通信装置から各コンピュータまでを個別のケーブルで接続しているため 1 本のケーブルに障害が発生しても他の機器との間には影響が及ばない利点があります。一方で，通信機器が故障するとネットワーク全体がダウンする欠点があります。なお，スター型は最も一般的に使用されているトポロジーです。

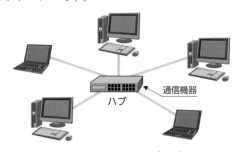

図 1.6　スター型のトポロジー

（2）リング型

　リング型は，複数の機器を円状に配置する接続方式です。リング型ではデータが円周（リング）上を流れ，各コンピュータが自分宛のデータかどうかを確認して自分宛のデータであった場合のみ取得し，別の宛先のデータの場合は次のコンピュータにそれを渡します。

　リング型ではネットワーク上を「**トークン（送信権）**」という信号が周回しており，送信したいデータをもつコンピュータはトークンを取得し，そのトークンに宛先・送信元のアドレスやデータを付加して送信する仕組みになっています（図1.7）。このようなトークンによる通信方式を「**トークンパッシング方式**」といいます。なお，リング型は現在では使用されていないトポロジーです。

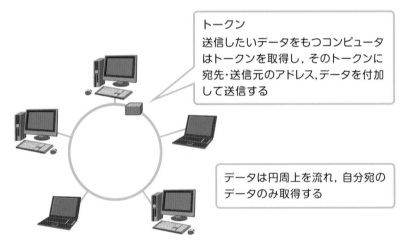

トークン
送信したいデータをもつコンピュータはトークンを取得し，そのトークンに宛先・送信元のアドレス，データを付加して送信する

データは円周上を流れ，自分宛のデータのみ取得する

図1.7　リング型のトポロジー

（3）バス型

　バス型は，「**バス (bus)**」という1本の高速な基幹ケーブルに複数のコンピュータや通信機器を接続し，すべての機器が1本のケーブルを共有する接続形態です（図1.8）。

　バス型はコンピュータや機器とバスをつなぐケーブルに問題が発生してもネットワーク全体には影響はありませんが，基幹のバスに断線などの障害が発生する

とその先の機器は通信できなくなってしまう欠点があります。なお、バス型は現在ではほとんど使用されていないトポロジーです。

図 1.8　バス型のトポロジー

1.5 Ethernet

LAN において最も広く使われている通信規格として「**Ethernet**（イーサネット）」があります。Ethernet は 1972 年に米国 Xerox（ゼロックス）のパロアルト研究所で開発が始まり、IEEE（米国電気電子学会）の LAN の代表的な規格の 1 つである「IEEE 802.3（アイトリプルイー・ハチゼロニ・テン・サン）」として標準化されています。

1.5.1　Ethernet フレーム

Ethernet の通信を行う際に使用するデータのフォーマットのことを「**Ethernet フレーム**」といい、フレームは TCP/IP の「パケット」に相当します。

Ethernet フレームには複数のフォーマットが存在しますが、その代表的なフォーマットとして Xerox、Intel、DEC が共同で規格化した「DIX-Ethernet Ⅱ 仕様」の「Ethernet Ⅱ」、また IEEE 802.3 として規格化された「802.3」という仕様があります。ここでは、例として Ethernet Ⅱ仕様のフレームのフィールドを示します（図 1.9）。

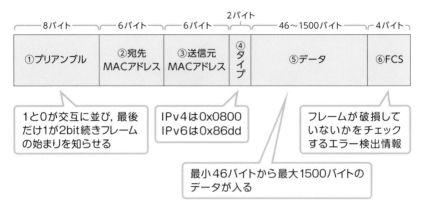

図 1.9　Ethernet フレーム（Ethernet Ⅱ）の仕様

① プリアンブル

　送信元から宛先へフレームを送る際，「フレーム送信の開始」を知らせるために
1と0の交互の並びの中で最後だけ1が2ビット続く8バイト（64ビット）のデー
タが入ります。つまり同期（動作のタイミングを取る）を与えるための信号です。

② 宛先 MAC アドレス

　48ビット（6バイト）で構成される宛先の MAC アドレス（3.6節参照）が入
ります。MAC アドレスは00-00-00-XX-XX-XX のようにハイフン（−），または
00:00:00:XX:XX:XX のようにコロン（：）をつけて16進数で記述します。

③ 送信元 MAC アドレス

　宛先 MAC アドレスと同じ書式で送信元の MAC アドレスが入ります。

④ タイプ

　IP など上位層プロトコル（2.3.2項参照）の値が入ります。例えば IPv4 は
0x0800，IPv6 は 0x86dd のように16進数の値が入ります。なお，タイプの値は
16進数を表す「0x（ゼロエックス）」から始まります。

⑤ データ

　最小46バイトから最大1500バイトのデータが入ります。データが46バイト

未満である場合はダミーのデータとして0を追加して46バイトになるようにパディング（穴埋め）を行って調整されます。

⑥ FCS (Frame Check Sequence)

電気的なノイズにより1と0が入れ替わる「ビット・エラー」など，フレームが壊れていないかをチェックするための値が入ります。

1.5.2 CSMA/CD

初期の Ethernet の LAN では，1本の同一の伝送路（ケーブル）を共有していたことからデータの衝突が発生することがあり，その衝突に対応するために「**CSMA/CD** (Carrier Sense Multiple Access/Collision Detection) 方式」という技術が使われました。

CSMA/CD ではネットワーク上の通信状況を監視し，他のコンピュータがデータを送信していないかを確認（**キャリアセンス**：carrier sense）し，もし同時にデータを送信して衝突（**コリジョン**：collision）が起こった場合はネットワーク上のすべての機器に送信中断を知らせる「**ジャム信号** (jam signal)」を送ってから再送信を行います（図1.10）。なお，近年では送信用と受信用に2本の通信路を使用してデータの衝突を回避する方式が広く採用され（1.5.4項参照），その方式では CSMA/CD は不要な技術になりました。

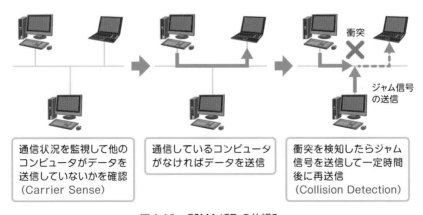

図 1.10　CSMA/CD の仕組み

1.5.3　Ethernet の規格

　Ethernet は開発当初の 1976 年には 2.94 Mbps の通信速度（1.6.1 項参照）でしたが，1983 年には最大通信速度 10 Mbps に対応する「**10BASE-5（テン・ベース・ファイブ）**」が標準化されました。また，1990 年にはツイストペアケーブルを用いた「**10BASE-T**」が登場しました。なお，10BASE-T の最初の 10 は 10 Mbps という「伝送速度」，BASE は「BASE BAND（周波数変換を行わず，データをデジタル形式でそのまま伝送する）」という伝送方式，T はツイストペアケーブル (Twisted Pair Cable) という「ケーブルの種類」を意味しています（図 1.11）。

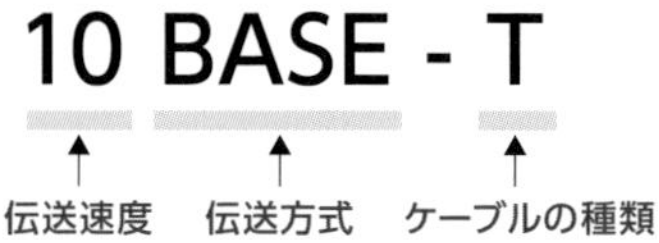

10 BASE - T

伝送速度　伝送方式　ケーブルの種類

図 1.11　Ethernet 規格の名称の意味

　通信技術の進歩により伝送速度が 1000 Mbps (1 Gbps) である 1000BASE-T という「ギガビット・イーサネット」や，光ファイバーを用いて 1000 Mbps の通信速度を実現する 1000BASE-X という規格も開発されるなど，Ethernet の通信速度は年々高速化しています。

1.5.4　半二重通信と全二重通信

　Ethernet の通信方式として，データの衝突が起こる可能性のある「**半二重通信 (half duplex)**」と，データの衝突が起こらない「**全二重通信 (full duplex)**」があります。

（1）半二重通信

　半二重通信とは初期の Ethernet 規格で使用された方式で，1 つの通信路（同軸ケーブル）を送信側と受信側で共有し，時間を区切って交互にデータを送り出す方式です（図 1.12）。

　この方式では，通信中の場合は回線が空くまで送信を待つ必要があるため通信速度は遅くなり，同時に双方がデータを送信すると信号が破損するデータの衝突（コリジョン）が発生する可能性があります。コリジョンが発生した場合はCSMA/CDの方式（1.5.2項参照）で対応します。なお，半二重通信は初期のEthernetで使われ，現在はほとんど使用されていません。

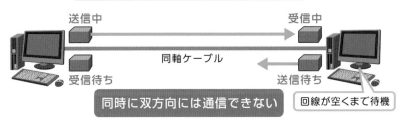

図 1.12　半二重通信の仕組み

（2）全二重通信

　全二重通信とは，送信用と受信用に2本の通信路（ツイストペアケーブル）を使用して相互通信を行う方式です（図1.13）。この方式では，同時に双方向通信が可能となるので通信速度は速くなり，データの衝突も発生しないのでCSMA/CDは不要となります。なお，現在は全二重通信が一般的に採用されています。

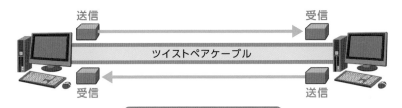

図 1.13　全二重通信の仕組み

1.5.5 LAN ケーブル

物理的なケーブルを用いた有線 LAN のケーブルとして「同軸ケーブル」，「ツイストペアケーブル（撚 (よ) り対線)」，「光ファイバーケーブル」などの種類があります（図1.14)。

（1）同軸ケーブル

伝送用の一本の芯線（銅線などの電気を通す物質）をポリエチレンなどの絶縁体で囲んで，その外側をコーディングしたケーブルです。同軸ケーブルは，テレビのアンテナ用にも使われています。

（2）ツイストペアケーブル

2本の芯線（銅線）を1対（ペア）として撚 (よ) り合わせ，その外側をコーティングしたケーブルです。現在では，このツイストペアケーブルが LAN ケーブルとして多用されています。

（3）光ファイバーケーブル

データを光信号に載せて伝える方式で，屈折率の高い「コア」という中心部と，コアを保護する屈折率の低い「クラッド」という外側の層から構成され，コアに入った光信号がクラッドとの境界で起こる全反射（すべての光が反射する性質）という仕組みを利用して信号を伝えます。光信号は，電気信号よりも減衰しにくい性質をもっているため遠くまでデータが届き，周波数帯域幅（1.6.1項参照）も広いことから，高速かつ大容量の通信を可能にします。

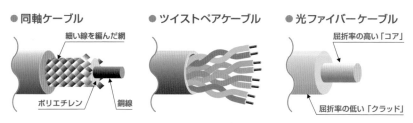

図 1.14　同軸ケーブル，ツイストペアケーブル，光ファイバーケーブルの仕様

1.6 　無線LAN

　無線 LAN とは，電波を使用する無線通信によってデータの送受信を行う LAN の規格です。

1.6.1 　周波数と通信速度

　Wi-Fi のような無線通信では，電波を使います。電波は，空間を伝わる電気エネルギーの波（電磁波）の一部分で，日本の電波法では電磁波の周波数が 3,000 GHz（3 THz：テラヘルツ）以下のものを「電波 (radio waves)」といいます。なお，1 THz（1 テラヘルツ）は 1,000 GHz（ギガヘルツ）になります。

　電波の大きさは「周波数」で表現されます。周波数とは 1 秒間の波の向きの変化数のことで，Hz（Hertz：ヘルツ）という単位で表現します。図 1.15 の周波数の事例では，1 秒で 2 回の波（山と谷が 2 組）があるので 2 Hz となります。なお，「ギガ」(G：Giga) は 10 億倍を表し，例えば 1 GHz は 1 秒間に 10 億回の周期が発生する 10 億 Hz に相当します。

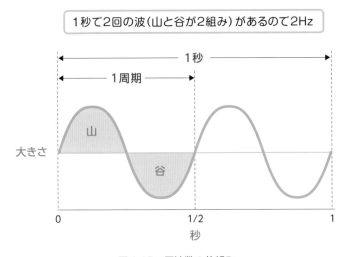

図 1.15 　周波数の仕組み

　周波数の中でも，特に 2.4 GHz 帯は産業，科学・医療の分野などで使うために割り当てられた帯域（バンド）で，「ISM (Industry-Science-Medical) バンド」といいます。この帯域は電子レンジなどの家電製品や Bluetooth など身近な生活の中でも使われています。また，2.4 GHz 帯は Wi-Fi の 1 つの周波数としても使われていることから Wi-Fi の電波と家電が発する電波が干渉し，通信状態が不安定になる電波干渉が生じることもあります。

　Wi-Fi のような無線通信では，デジタル信号（2 進数の信号）を電波に乗せて通信することから，波の数が多くなるとデータ量も多く送信できます。つまり，周波数が高くなるほど通信の速度も速くなります。

　電波の周波数の最高周波数と最低周波数の差を「帯域幅」いい，帯域幅が広いほど一度に異なる周波数の電波を数多く扱えることから，通信速度は速くなります。

　0 と 1 の 2 進数で表現するデジタル通信の帯域幅は，一般的に「1 秒間に何ビット転送できるか」を表す「bps (bits per second：ビー・ピー・エス)」という単位で表現されます。この数値が大きいほど高速なデータ通信が可能であることを意味し，例えば 1 秒間に 8 Mbit（メガビット）の通信ができる場合は「8 Mbps」と表現します。なお，アナログ通信での帯域幅は「Hz (ヘルツ)」で表現します。

■ 1.6.2 アナログとデジタル

　近年になって，通信の方法は電気的な技術によりいっそう依存するようになり，ネットワークを通して伝達される情報も「アナログ (analog)」から「デジタル (digital)」へと変化してきました。アナログ情報は自然界の音や光，温度などにみられるように，一定の期間で振幅が連続性をもって変化する情報です。一方，デジタル情報はアナログ情報を細かく区切って連続性をもたない 0 と 1 の 2 進数に置き替えた情報になります（図 1.16)。

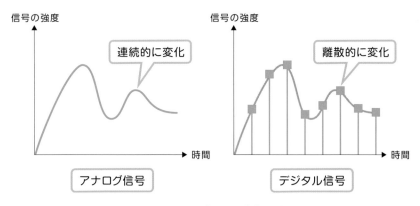

図 1.16　アナログ信号とデジタル信号

　アナログ信号をデジタル信号に変換するには，最初に連続して変化するアナログ情報を，ある一定の時間間隔で計測する「**標本化**」を行います。次に，標本化したアナログ信号の連続量を数値で近似的に表現する「**量子化**」を行って０と１の２進数に変換することでデジタルへの変換が完了します。（図 1.17）

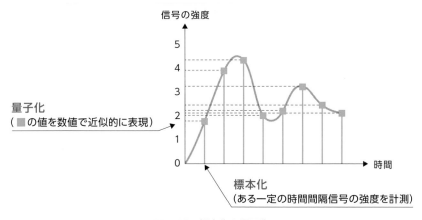

図 1.17　標本化と量子化

　標本化と量子化によってアナログ情報がデジタル情報に変換されることで，「情報を圧縮できる」，「時間の経過や使用による情報の質の低下がない」などの利点を生み出します。さらに文字，音声，画像，および動画など異なる種類の情報が

デジタル化されて融合することで，「マルチメディア (multimedia)」という情報複合媒体が形成されます。

1.7　サーバの種類

　サーバはネットワークの中心的な構成要素であり，サーバを利用するクライアントからの処理のリクエストを受け，その処理結果をクライアントに提供するコンピュータのことです。サーバにはそれぞれの処理内容や機能に基づいて名称がつけられ，代表的なサーバとしてメールサーバ，Web サーバ，DNS サーバ，FTP サーバ，プロキシサーバ，DHCP サーバがあります。

1.7.1　メールサーバ

　メールサーバはメールの送受信の役割を担うサーバのことで，メールサーバ間で電子メールを転送する役割を担う「**SMTP**：エスエムティーピー (Simple Mail Transfer Protocol)」と，メールサーバからメールを取り出す役割を担う「**POP**：ポップ (Post Office Protocol)」の２つのプロトコルから構成されます（図1.18）。

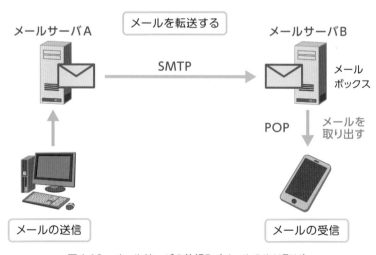

図 1.18　メールサーバの仕組み（メールのやり取り）

なお，POP は「**POP3**」と表記されることがあり，「3」はバージョンを表しています。

1.7.2 Web サーバ

Web サーバは Web ページのデータ（文字，画像，映像，プログラムなど）を保存し，クライアントからのリクエストに従ってそれらのデータを提供する役割を担うサーバです。

Web ページの閲覧は，DNS サーバ（1.7.3 項参照）を利用して次の①から⑤の手順で行われます（図1.19）。

① URL の指定

クライアントから https://www.xyz.co.jp のような「URL (Uniform Resource Locator)」が送信されます。

② DNS サーバによるドメイン名から IP アドレスの検索

クライアントが送信した URL の「ドメイン名（例えば www.xyz.co.jp のような文字列で示されたインターネット上の情報の保存先住所）」が示す場所の IP アドレス（3.2 節参照）を「DNS サーバ」によって検索します。

③ IP アドレスをクライアントへ送信

DNS サーバが検索したドメイン名に一致する IP アドレスをクライアントに送信します。

④ IP アドレスを用いて Web サーバへアクセス

クライアントは DNS サーバから送信された IP アドレスを用いて Web サーバのデータファイルへアクセスします。

⑤ Web ページのデータファイルをクライアントへ送信

Web サーバは IP アドレスで指定された Web ページのデータファイルをクライアントへ送信し，そのファイル内容がクライアントのパソコンのブラウザ（Chrome や Edge など）によって表示されます。

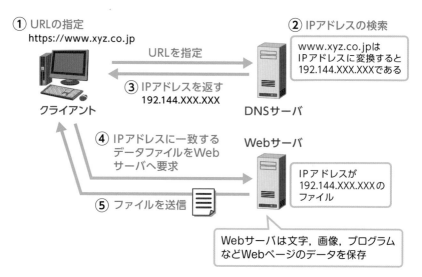

① URLの指定
https://www.xyz.co.jp

② IPアドレスの検索

URLを指定

www.xyz.co.jpは
IPアドレスに変換すると
192.144.XXX.XXXである

クライアント

③ IPアドレスを返す
192.144.XXX.XXX

DNSサーバ

④ IPアドレスに一致する
データファイルをWeb
サーバへ要求

Webサーバ

⑤ ファイルを送信

IPアドレスが
192.144.XXX.XXXの
ファイル

Webサーバは文字，画像，プログラム
などWebページのデータを保存

図 1.19　Web サーバと DNS サーバによるホームページ閲覧の仕組み

1.7.3　DNS サーバ

　DNS とは Domain Name System の略称で，DNS サーバはドメイン名と IP ア
ドレスを紐づけてドメイン名に一致する IP アドレスを検索する機能を提供してい
ます（図 1.19 の②）。

　ネットワークの通信は，例えば 172.16.0.1 のような数値で表現される IP アド
レスによって行われますが，DNS サーバの機能によって例えば「www.xyz.co.jp」
のような人間にもわかりやすい文字列で表現されるドメイン名で通信を行うこと
を可能にしています。

1.7.4　FTP サーバ

　FTP サーバは，サーバとクライアントの間でファイル転送を行う「FTP (File
Transfer Protocol)」というプロトコルに基づいて，クライアントに対してファイ
ルを提供するサーバです。具体的には，FTP サーバへのファイルのアップロード
やサーバからのファイルのダウンロードが可能になります。

1.7.5 プロキシサーバ

プロキシサーバ (proxy server) とは，企業などの内部ネットワークからインターネットに直接的に接続をさせたくないクライアント（パソコンなど）の「代理 (proxy)」になってインターネットへの接続を行うサーバのことです。

プロキシサーバの機能によって，「セキュリティ対策」と「アクセスの高速化」の機能を実現できます（図 1.20）。

① セキュリティ対策

企業などの内部ネットワークのクライアントから直接インターネット上の Web サーバなどにアクセスすると，アクセス先のサーバにクライアントの IP アドレスなどの情報が伝わってしまうことがあります。

これらのクライアントの情報は，インターネットから内部ネットワークへの不正アクセスに利用される危険を生じさせます。そこで，内部ネットワークとインターネットの境界にプロキシサーバを設置し，内部ネットワークのクライアントからインターネットへはプロキシサーバを経由しないとアクセスできない仕組みに設定します。

この仕組みによって，内部ネットワークのクライアントの IP アドレスは隠され，プロキシサーバの IP アドレスだけが外部ネットワークへ伝わることになり，内部ネットワークの匿名性を確保することができます。

② アクセスの高速化

プロキシサーバには情報を貯蔵する「キャッシュ (cache)」という機能があり，利用者が一度アクセスした Web サイトのページ情報を，プロキシサーバのハードディスクに一時的にキャッシュ（保存）することができます。そして，次に同じホームページへのアクセス要求が出された際はインターネット上の情報へ再アクセスはしないで，キャッシュに保存したデータをクライアントへ送信します。

この仕組みによって，ホームページへのアクセスが高速化されるとともに内部ネットワーク上の「トラフィック（ネットワークを流れる情報）」を低減することが可能になります。

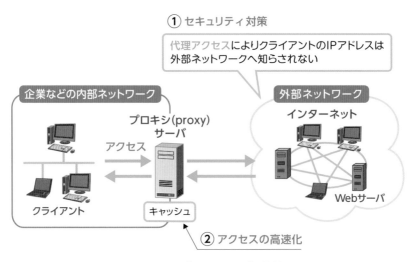

① セキュリティ対策

代理アクセスによりクライアントのIPアドレスは外部ネットワークへ知らされない

企業などの内部ネットワーク

プロキシ(proxy)サーバ

アクセス

クライアント

キャッシュ

外部ネットワーク

インターネット

Webサーバ

② アクセスの高速化

図 1.20 プロキシサーバの役割

1.7.6 DHCP サーバ

DHCP (Dynamic Host Configuration Protocol) は，IP アドレスなどのネットワーク接続に必要な設定情報を，ネットワークに一時的に接続するパソコンなどの機器に自動的に送信する機能をもったサーバです。

DHCP サーバの機能によって，利用者が IP アドレスやサブネットマスク（3.3節参照）などのネットワーク接続に必要な情報を手動で設定しなくても自動的に割り当て，パソコンをインターネットに接続することが可能になります。

1.8 クラウドサービス

従来，利用者が保有して管理・運用してきたハードウェア，ソフトウェア，ネットワーク環境を自前では保有しないで，事業者が保有・提供している環境をインターネット経由で利用する運用形態のことを「**クラウドサービス**」といいます。

クラウド (cloud) とは「雲」を表す言葉で，インターネット経由で雲の上のハードウェアやソフトウェアを仮想的に利用するイメージがその名称の由来と

なっています。なお，クラウドサービスに対して，必要なハードウェアやソフトウェアを自前で調達して自社内で保有・管理する運用形態を「**オンプレミス (on-premises)**」といいます。

　クラウドでは，図 1.21 のようにサーバに蓄積されたデータを，企業内や自宅，外出先からインターネットを通して複数の利用者で共有することが可能になります。

図 1.21　クラウドサービスの概念図

　クラウドサービスを導入することにより，ハードウェア，ソフトウェア，ネットワーク環境を整備する際の初期費用を安価にすることができ，さらにサーバ管理や運用はサービスを提供する事業者が対応することで負担軽減のメリットが生まれます。

　一方でデメリットとしては，サーバやネットワークに利用者が集中すると通信速度の低下やアクセス障害などが発生したり，重要な情報がインターネット上に流出してしまう情報漏洩や改ざんのリスクなど，セキュリティ面での問題を招いたりします。

演習問題

問題 1.1

ネットワークの交換方式に関する記述のうち，適切なものはどれか。

(IT パスポート 平成 28 年 春期 問 71)

(**ア**) 回線交換方式では，通信利用者間で通信経路を占有するので，接続速度や回線品質の保証を行いやすい。

(**イ**) 回線交換方式はメタリック線を使用するので，アナログ信号だけを扱える。

(**ウ**) パケット交換方式は，複数の端末で伝送路を共有しないので，通信回線の利用効率が悪い。

(**エ**) パケット交換方式は無線だけで利用でき，回線交換方式は有線だけで利用できる。

問題 1.2

ハブと呼ばれる集線装置を中心として，放射状に複数の通信機器を接続するLAN の物理的な接続形態はどれか。

(IT パスポート 平成 30 年 春期 問 58)

(**ア**) スター型　　(**イ**) バス型　　(**ウ**) メッシュ型　　(**エ**) リング型

問題 1.3

CSMA/CD 方式の LAN に接続されたノードの送信動作に関する記述として，適切なものはどれか。

(基本情報技術者 令和元年 秋期 午前 問 31)

(**ア**) 各ノードに論理的な順位付けを行い，送信権を順次受け渡し，これを受け取ったノードだけが送信を行う。

(**イ**) 各ノードは伝送媒体が使用中かどうかを調べ，使用中でなければ送信を行う。衝突を検出したらランダムな時間の経過後に再度送信を行う。

（**ウ**）各ノードを環状に接続して，送信権を制御するための特殊なフレームを巡回させ，これを受け取ったノードだけが送信を行う。

（**エ**）タイムスロットを割り当てられたノードだけが送信を行う。

問題 1.4

プロキシサーバの役割として，最も適切なものはどれか。

（IT パスポート　平成 30 年 秋期 問 64）

（**ア**）ドメイン名と IP アドレスの対応関係を管理する。

（**イ**）内部ネットワーク内の PC に代わってインターネットに接続する。

（**ウ**）ネットワークに接続するために必要な情報を PC に割り当てる。

（**エ**）プライベート IP アドレスとグローバル IP アドレスを相互変換する。

問題 1.5

自社の情報システムを，自社が管理する設備内に導入して運用する形態を表す用語はどれか。

（IT パスポート　平成 31 年 春期 問 30）

（**ア**）アウトソーシング　　　　　　（**イ**）オンプレミス

（**ウ**）クラウドコンピューティング　（**エ**）グリッドコンピューティング

問題 1.6

IEEE 802.3-2005 におけるイーサネット（Ethernet）フレームのプリアンブルに関する記述として，適切なものはどれか。

（ネットワークスペシャリスト　平成 23 年 秋期 午前 II 問 8）

（**ア**）同期用の信号として使うためにフレームの先頭に置かれる。

（**イ**）フレーム内のデータ誤りを検出するためにフレームの最後に置かれる。

（**ウ**）フレーム内のデータを取り出すためにデータの前後に置かれる。

（**エ**）フレームの長さを調整するためにフレームの最後に置かれる。

演習問題の解答・解説

（**ア**）回線交換では，1本の回線を1つの通信で占有することから信頼性の高い情報通信を可能にします。（正解）（1.3.1 項参照）

（**イ**）メタリック線とは，主に銅線を使用した線（電話回線など）で，アナログ信号とデジタル信号の両方に対応できます。

（**ウ**）パケット交換方式では，複数の利用者が通信回線を共有でき，通信回線の利用効率は良くなります。

（**エ**）パケット交換方式は，有線と無線の両方で利用できます。

（**ア**）スター型は，ハブ（集線装置）を中心にコンピュータを放射状につなぐ LAN の接続形態です。（正解）（1.4.2 項参照）

（**イ**）バス型は，バス (bus) という1本の高速な基幹ケーブルに複数のコンピュータや通信機器を接続し，すべての機器が1本のケーブルを共有する接続形態です。

（**ウ**）メッシュ型は，次の図のように複数のネットワーク機器を網目（メッシュ）状に接続する形態です。

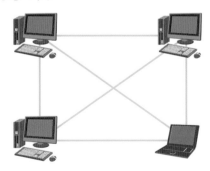

（**エ**）リング型は，複数の機器を円状に配置する接続形態です。

問題 1.3　　　　　　　　　　　　　　　　　　　　　　　　正解（イ）

（**ア**）パケットに優先度をつけて送出する「優先度制御」という方式に関する説明です。

（**イ**）CSMA/CD では，ネットワーク上の通信状況を監視し，他のコンピュータがデータを送信していないかを確認（**キャリアセンス**：carrier sense）し，もし同時にデータを送信して衝突（**コリジョン**：collision）が起こった場合はネットワーク上のすべての機器に送信中断を知らせる「**ジャム信号** (jam signal)」を送ってから再送信を行います。（正解）（1.5.2 項参照）

（**ウ**）LAN の接続形態のリング型では，ネットワーク上を「トークン（送信権）」という特殊な信号が巡回し，送信したいデータをもつコンピュータがトークンを取得した場合はそのトークンに宛先・送信元のアドレスやデータを付加して送信します。この「トークンパッシング」という方式に関する説明です。

（**エ**）通信に用いる周波数を一定時間ごとに複数の「タイムスロット (time slot)」という単位に分割して同一の通信路を共有する技術である「TDMA (Time Division Multiple Access：時分割多重化)」という方式に関する説明です。

問題 1.4　　　　　　　　　　　　　　　　　　　　　　　　正解（イ）

（**ア**）DNS (Domain Name System) サーバの役割に関する記述です。

（**イ**）プロキシサーバは，内部ネットワーク内の PC に代わってインターネット接続が可能です。それによって，内部ネットワークの匿名性を確保することができます。（正解）（1.7.5 項参照）

（**ウ**）DHCP (Dynamic Host Configuration Protocol) サーバの役割に関する記述です。

（**エ**）NAT (Network Address Translation) の役割に関する記述です。（3.4.1 項参照）

問題 1.5　　　　　　　　　　　　　　　　　　　　　　正解（**イ**）

（**ア**）アウトソーシングとは，業務の一部を外部に委託する経営手法です。

（**イ**）オンプレミスとは，必要な情報システム（ハードウェアやソフトウェア）を自前で調達して自社内で保有・管理する運用形態です。（正解）（1.8 節参照）

（**ウ**）クラウドコンピューティング (cloud computing) とは，事業者が保有・提供している環境をインターネット経由で利用する運用形態です。

（**エ**）グリッドコンピューティング (grid computing) とは，ネットワーク経由で複数のコンピュータを連携させて 1 台の仮想的な高性能コンピュータを構成する技術です。

問題 1.6　　　　　　　　　　　　　　　　　　　　　　正解（**ア**）

（**ア**）プリアンブル (preamble) は，フレームの先頭に置かれます。送信元から宛先へフレームを送る際，フレーム送信の開始を知らせるために 1 と 0 の交互の並びの中で最後だけ 1 が 2 bit (11) 続く 8 バイト（64 ビット）のデータが入ります。つまり，プリアンブルは同期（動作のタイミングを取る）を与えるための信号です。（正解）（1.5.1 項参照）

（**イ**）エラー検出のためにフレームに付加されるコードである「FCS (Frame Check Sequence)」に関する記述です。

（**ウ**）プリアンブルは，フレームの「先頭」のみに置かれます。

（**エ**）フレームを一定の長さに整形するため，前後にダミーデータを挿入する「パディング (padding：穴埋め)」に関する記述です。

第2章 OSI参照モデルと TCP/IP参照モデル

　この章では，世界中のネットワーク規格の共通化を目的として国際標準化機構 (ISO) が策定したプロトコル（通信規約）の「OSI 参照モデル」と，米国国防高等研究計画局（DARPA：ダーパ）によって策定されたプロトコルの「TCP/IP 参照モデル」について学習します。

2.1 OSI 参照モデル

2.1.1 OSI 参照モデルとは

　世界規模のネットワークであるインターネットの通信の規約や手順を定めるために，国際標準化機構 (ISO：International Organization for Standardization) が策定した「**OSI** (Open Systems Interconnection：オー・エス・アイ) **参照モデル**」というプロトコルの概念モデルがあります。

　OSI 参照モデルは 1977 年から 1984 年にかけて定められたプロトコルですが，実際に作動するソフトウェアの開発よりもプロトコルの仕様書の作成が優先され，その内容も複雑であったことから実際には広く普及せず，ネットワークの基礎を理解するための概念として利用されています。

　OSI 参照モデルでは，複数のコンピュータがそれぞれの機種や OS (Operating System) などの種類に依存しないで通信できるようにネットワーク構造の設計方針を示しています。具体的には，通信に必要な機能に関するプロトコル体系を第 1 層から第 7 層の「階層（Layer：レイヤ）」に役割を分類して整理しています（図 2.1）。なお，第 1 層から第 4 層まではハードウェアやシステム側に近い物理的な

機能を示した「下位層」,第5層から第7層までは人間の操作に近い機能を示した「上位層」といいます。

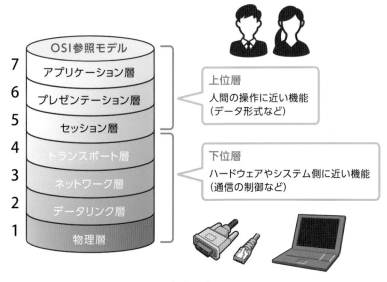

図 2.1　OSI 参照モデルの 7 つの層

2.1.2　OSI参照モデルの各層の名称, 主な規約, 代表的な機器

　OSI 参照モデルでは,複雑な通信の機能や役割を階層的に整理して単純化し,ある階層が他の階層に依存しないように各階層の独立性を保っています。この独立性によって,技術進歩などに伴う機能の追加や変更が生じても,その階層だけを対象にした(他の階層に影響しない)追加・変更を可能にしています。また,それぞれの層で機能する具体的な規約や通信機器は表 2.1 のように決められています。

表 2.1　OSI 参照モデルの 7 つの層の名称，主な規約，代表的な機器

層	層の名称	主な規約	代表的な機器
第 7	アプリケーション層	アプリケーションごとのデータのやり取り（メールの送受信，ファイル転送など）	ゲートウェイ
第 6	プレゼンテーション層	データの表現形式（文字コード，画像フォーマットなどの形式，暗号化，圧縮など）	ゲートウェイ
第 5	セッション層	通信の開始から終了までのセッションの管理（全二重，半二重，同期，再送機能など）（1.5.4 項参照）	ゲートウェイ
第 4	トランスポート層	データ転送の信頼性（到達確認，再送制御，誤り検出など）	ゲートウェイ
第 3	ネットワーク層	ネットワーク間でデータを目的地まで届けるための経路選択（ルーティング）や中継	ルータ，L3 スイッチ
第 2	データリンク層	同一ネットワーク内で直接接続している隣接機器との通信	ブリッジ，L2 スイッチ（スイッチングハブ）
第 1	物理層	2 進数のデータと電気信号の相互変換，ケーブル・コネクタ形状など	NIC，リピータ，リピータハブ，ケーブル

　OSI 参照モデルの各階層で使用されるネットワーク機器の種類は各層で異なり，ある階層で動作する機器はそれ以下の階層のプロトコルで処理できますが，それより上の階層のプロトコルでは処理できない前提で構成されています。

　OSI 参照モデルの各層に対応するネットワークの代表的な機器として，物理層では「NIC」，「リピータ」，「リピータハブ」，「ケーブル」，データリンク層では「ブリッジ」，「L2 スイッチ（スイッチングハブ）」，ネットワーク層では「ルータ」，「L3 スイッチ」，トランスポート層より上位の層では「ゲートウェイ」があります。

（1）第 1 層（物理層）

　物理層では，2 進数のデータと電気・光信号や電波との相互の信号変換，通信ケーブルの種類や長さ，コネクタの形状などの規約を定めています。物理層で動作する代表的な機器として，「**NIC（ニック）**」や「**リピータ**」があります。

　NIC (Network Interface Card) は通信ケーブルをコンピュータに接続するための差込口をもった装置で，LAN カードや LAN ボードと表現されることもあります。その役割は 2 進数のデータを電気的な信号に変換し，そのデータを通信ケーブルや電波に流したり，受け取ったりすることです。

　リピータ (repeater) は，通信途中で電気信号の波形が劣化した際にその波形を増幅・整形して信号を転送する装置です。通信ケーブルは信号が伝送される最大伝送距離（例えば 500 メートル）が決まっていることから，リピータを使用して信号の波形を補正することでその距離を延長することができます。なお，近年では通信技術の進歩によってケーブルの伝送距離も長くなり，リピータはほとんど使われない装置になっています。

　リピータにハブの機能をもたせた装置として「**リピータハブ** (repeater hub)」があります。「**ハブ** (hub)」とは，タコ足コンセントのように複数の接続口（差込口）をもつ集線装置です（図 2.2）。またハブ同士を相互に接続することを「**カスケード接続**」といい，ハブ 1 台で接続できる数を超えた端末を接続したいときに使用します。ハブの端子はコンピュータ機器と 1 対 1 で接続され，各機器から送信されてくる信号を増幅・整形します。

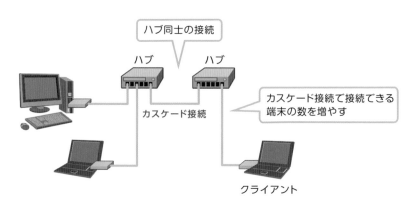

図 2.2　ハブとカスケード接続

　リピータハブは，電気信号の増幅に加えてパケットの中継や転送を行うこともできます。ただし，リピータハブには受け取ったパケットの送信先がどこなのかを

認識する機能がないため，パケットを受け取るとリピータハブのすべての接続口
（ポート）に転送してしまいます（図 2.3）。

　その結果，宛先以外の機器にも不要なパケットが転送され，トラフィック（ネッ
トワークを流れるデータ）が増加して通信効率を低下させる欠点があります。最
近では，リピータハブはデータリンク層の「L2（レイヤ 2）スイッチ」に置き換わ
り，パケットをすべての接続口に転送してしまうリピータハブの欠点は改善され
ています。

　物理層で取り扱うケーブルとして，同軸ケーブル，ツイストペアケーブル，光
ファイバーケーブルなどの種類があります（1.5.5 項参照）。

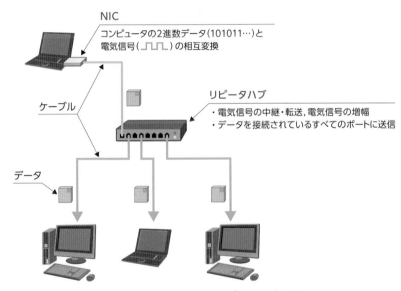

図 2.3　物理層の NIC とリピータハブの役割

（2）第 2 層（データリンク層）

　データリンク層では，MAC アドレス（3.6 節参照）を利用して隣接機器を認識
することで，どこからどこへ伝送するパケットなのかを判断するための規約，送信
中にパケットが壊れていないかを確認するエラー制御の規約などが決められてい
ます。

　データリンク層で動作する代表的な機器として,「ブリッジ」,「**L2 (レイヤ2)
スイッチ**」があります。ブリッジ (bridge) は,「どのポート (端子) に, どんな
MAC アドレスをもった機器が接続されているか」を記録した「**MAC アドレス
テーブル**」を作成して管理する機能をもちます。ブリッジにパケットが流れてく
ると, MAC アドレステーブルを参照してパケットを該当する宛先のポートだけに
転送します。

　また, ブリッジに複数のポートをもたせた装置が「L2 スイッチ」です。L2 ス
イッチでは, ポートごとに MAC アドレスを MAC アドレステーブルで管理し, 宛
先 (MAC アドレス) が一致するポートだけにパケットを転送することができます
(図 2.4)。なお, L2 スイッチは「レイヤ2 スイッチ」の意味で,「**スイッチングハブ**」
ともいわれます。

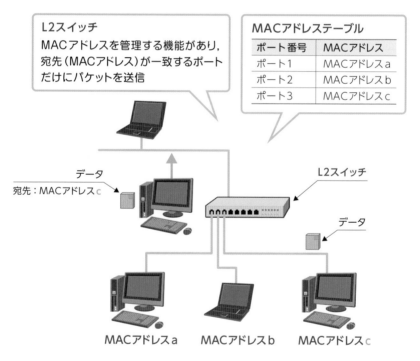

図 2.4　データリンク層の L2 スイッチの役割

（3）第3層（ネットワーク層）

　ネットワーク層では，パケットの送信先を示すIPアドレス（3.2節参照）に基づいて，どの経路へデータ送信するかの判断など最適な通信経路を選択（ルーティング）して，データを宛先まで正確に届けるための規約を定めています。

　ネットワーク層で動作する代表的な機器として，「**ルータ**」，「**L3（レイヤ3）スイッチ**」があります。ルータ (router) は，異なるネットワーク間の中継役として，流れてきたパケットのIPアドレスと最適な送信先のルータを示した「**ルーティングテーブル**」（3.5.1項参照）という経路表と照合しながらパケットを次のルータへ転送します（図2.5）。

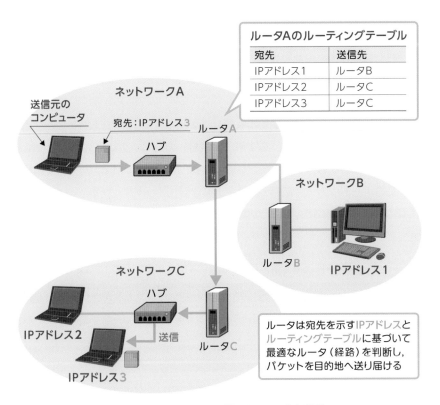

図 2.5　ネットワーク層のルータの主な役割

　L3 スイッチは，IP アドレスを解釈してネットワークにデータを振り分ける機能を備えた装置で，例えば企業内の 1 つのネットワークを部署別に分割した小さなネットワーク（セグメント）同士の接続に使用することがあります。なお，企業外部の異なるネットワークと接続する場合は「ルータ」を用います。

　企業内のネットワークにおいて L3 スイッチを使うことで，「**VLAN** (Virtual Local Area Network)」という仕組みを実現できます。VLAN とは，物理的に接続されたネットワークを，論理的に独立した複数の仮想的なネットワークに分割することです。

　分割された VLAN は番号で識別され，この識別番号を「**VLAN ID** (Virtual LAN Identifier)」といいます。VLAN ID によって LAN を複数の仮想的な LAN に分割し，LAN の間のアクセスを制限してセキュリティを高めたり，トラフィックを軽減させたりすることが可能になります。なお，IEEE 802.1Q という VLAN の規格では VLAN ID は 12 ビット長で 4,096（2 の 12 乗）の VLAN を識別することができます。

　ここで，第 1 層から第 3 層まで代表的な機器であるリピータ，L2 スイッチ，L3 スイッチの機能を整理すると，第 1 層（物理層）のリピータは電気信号を増幅するだけの機能，第 2 層（データリンク層）の L2 スイッチは MAC アドレスを解釈して特定のポートにデータ転送する機能，第 3 層（ネットワーク層）の L3 スイッチは IP アドレスを解釈・特定して異なるネットワークにデータ転送する機能や VLAN という仮想的なネットワークを設定する機能をもちます（表 2.2）。

表 2.2　OSI 参照モデルの第 1 層から 3 層のリピータ，L2 スイッチ，L3 スイッチの機能

OSI 参照モデルの層	機器	機能
第 3 層（ネットワーク層）	L3 スイッチ	IP アドレスを解釈・特定し，異なるネットワークにデータ転送する機能 VLAN という仮想的なネットワークを設定する機能
第 2 層（データリンク層）	L2 スイッチ	MAC アドレスを解釈して特定のポートにデータ転送する機能
第 1 層（物理層）	リピータ	電気信号を増幅するだけの機能

（4）第4層（トランスポート層）

　トランスポート層は，送信元から送り出されたデータが送信先に正確に届くように通信の信頼性の確保を行います。具体的には，データをパケットに分割して送信する方法，届いたパケットを元の順番に並び替える方法，データが正しく宛先に届いたかの確認，第3層までで対応できなかった誤りの訂正や再送制御などに関する規約を定めています（図2.6）。

　第4層のトランスポート層以上で使用される機器として「**ゲートウェイ (gateway)**」があります。ゲートウェイは，主にトランスポート以上の層においてプロトコルの異なるネットワーク相互間でのプロトコル変換を行い，異なるネットワーク同士を接続する役割をもった装置です。なお，一般的にゲートウェイの機能はルータに備わっています。

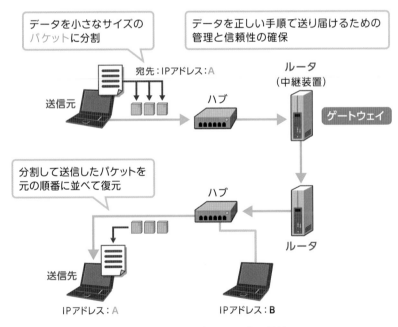

図 2.6　トランスポート層の主な役割

（5）第5層（セッション層）

　セッション層では，通信の開始・確立と終了（セッション），中断されたセッションの再確立などの手続きやデータ形式の規約を定めています（図2.7）。またデータ交換を管理するために必要な手段やデータの送受信のセッションの取り決め，正しい順序でのデータの送受信を行う手順や同期（信号を送受信するタイミングを合わせる）などの規約も定めています。

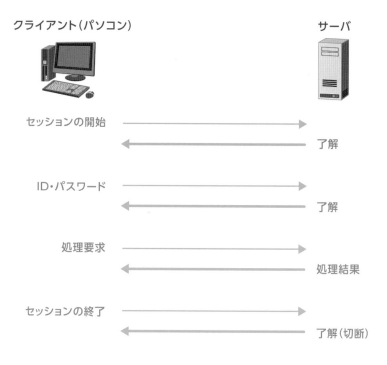

図 2.7　セッション層の役割

（6）第6層（プレゼンテーション層）

　プレゼンテーション層では，コンピュータ間のデータ形式の違い（例えば文字コードの違い）を補正し，データを通信に適した形式に変換・表現（プレゼンテーション）するための規約を定めています（図2.8）。また，セキュリティを確保するための「暗号化」や暗号化されたデータを元に戻す「復号化」についてもプレゼンテーション層で対応しています（5.2節参照）。

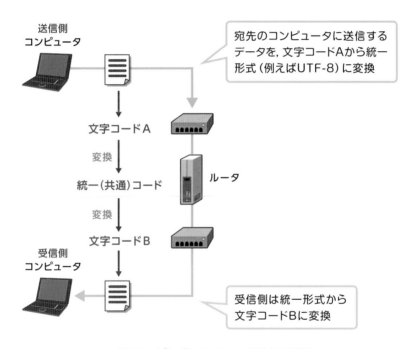

図 2.8　プレゼンテーション層の主な役割

（7）第7層（アプリケーション層）

　アプリケーション層では，電子メールや Web ページの閲覧，ファイル転送など利用者が使用するアプリケーションを，通信手順やデータ形式などのプロトコルに基づいてネットワークサービスとして提供します（図2.9）。

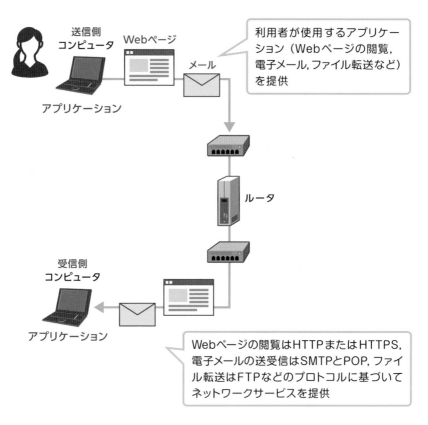

図 2.9　アプリケーション層の主な役割

2.2　OSI参照モデルでのデータの受け渡し

2.2.1　PDU

　OSI 参照モデルの通信では，送信側は OSI 参照モデルでの「レイヤ 7 からレイヤ 1」へ，受信側は送信側とは逆の「レイヤ 1 からレイヤ 7」の順番で各レイヤのプロトコルに基づく処理が進められます。

　各層（レイヤ）でプロトコルに従って処理が実行されると，それぞれの層で送信データの先頭に「ヘッダ (header)」が付加され，データリンク層ではデータの

末尾に「**トレーラ (trailer)**」というエラー検出の情報が付加されます。送信データにヘッダとトレーラが付加された状態のデータ単位を「**PDU (Protocol Data Unit)**」といいます。

PDU は通信に必要な制御情報である「**ヘッダ**」の部分と「**ペイロード**」というデータの中身からなります。PDU の名称は処理される階層によって異なり，物理層では「ビット」，データリンク層では「フレーム」，ネットワーク層では「パケット」，トランスポート層では「セグメント」，セッション層・プレゼンテーション層・アプリケーション層では「データ」と呼ばれます（表 2.3）。

表 2.3　各層における PDU の名称

層	層の名称	PDU の名称
第 7	アプリケーション層	データ
第 6	プレゼンテーション層	
第 5	セッション層	
第 4	トランスポート層	セグメント
第 3	ネットワーク層	パケット
第 2	データリンク層	フレーム
第 1	物理層	ビット

2.2.2　カプセル化

各層での具体的な処理の流れは，アプリケーション層のプロトコルは「データ」に「L7 ヘッダ」という「ヘッダ」を付加し，その直下のプレゼンテーション層のプロトコルに渡します。「L7 ヘッダ」がついた「データ」を受け取ったプレゼンテーション層のプロトコルは，これに「L6 ヘッダ」を付加してその直下のセッション層のプロトコルに渡します。このように上位層から下位層に向けて，それぞれの層で処理が完了していることを示す「ヘッダ」を付加しながらデータを受け渡していきます（図 2.10）。なお，物理層ではヘッダの付加は行いません。

各階層でデータにヘッダとトレーラを付加していく仕組みを「**カプセル化**」といいます。なお，データリンク層の「レイヤ 2 ヘッダ」では受信したフレームに誤

りや破損がないかをチェックするための「**FCS (frame check sequence) ヘッダ**」という誤りを検出するための符号がトレーラとして付け加えられます。

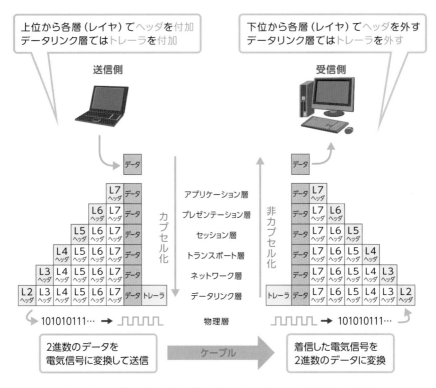

図 2.10　カプセル化と非カプセル化によるデータの受け渡しの仕組み

　送信側において OSI 参照モデルの第 2 層であるデータリンク層でのカプセル化が終わって送信するデータの処理が完了すると，この段階のデータは「フレーム」になります。フレームは物理層に渡され，フレームを受け取った物理層はそのフレームを通信媒体に応じた信号（電気，光，電波）に変換してケーブルや無線通信に流すことでその信号（データ）が受信側に届く仕組みになっています。

　一方，受信側は送信側から受け取った信号を物理層のプロトコルで「フレーム」に変換して 1 つ上のデータリンク層のプロトコルに渡します。データリンク層はそのフレームの「L2 ヘッダ」を参照してデータリンク層のプロトコルに基づい

た処理を行い，その処理が終了すると「フレーム」から「L2ヘッダ」を取り除き，その1つ上位のネットワーク層に渡していきます。最終的に，アプリケーション層のプロトコルの処理が終了する際に「L7ヘッダ」が取り除かれ，すべての処理が完了して受信側へのデータ転送が完了したことになります。

　このように，下位層から上位層にデータを受け渡しながら各階層でヘッダを取り除いていくことを「非カプセル化」といいます。

2.3 TCP/IP 参照モデル

2.3.1 TCP/IP 参照モデルとは

　TCP/IP参照モデルは，異なる仕様のネットワークを相互接続するためのプロトコルとして1973年に策定が始まり，インターネットの事実上の標準的なプロトコルに位置づけられています。

　TCP/IPプロトコル群は，OSI参照モデル（7層）の一部の層を統合して，ネットワークインタフェース層，インターネット層，トランスポート層，アプリケーション層の4層から構成されています（図2.11）。

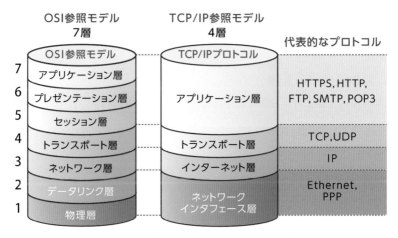

図 2.11　OSI 参照モデルと TCP/IP 参照モデル

2.3.2 TCP/IP 参照モデルの機能と役割

TCP/IP 参照モデルの第1層から第4層までの各層は，次のような機能や役割を担っています。

（1）ネットワークインタフェース層

ネットワークインタフェース層は，ネットワークを形成するための物理的なケーブルや端子，パソコンに取り付ける NIC（LAN カード）などの形状，データを信号としてネットワークに送信する形式などを決める機能を担う層です。

この層の代表的なプロトコルとして，「Ethernet」，「PPP」があります。Ethernet（1.5 節参照）は LAN で使用される標準化されたプロトコルです。PPP (Point-to-Point Protocol) はコネクションを確立（接続）したり，切断したりする制御を行うプロトコルです。

（2）インターネット層

インターネット層は，ネットワークに接続される複数のコンピュータを識別するための IP アドレスを管理したり，相手のコンピュータとデータのやり取りを行うための経路を選択したりする機能を担う層です。

この層には，「IP」というプロトコルがあります。IP (Internet Protocol) は，IP アドレス（3.2 節参照）を使ってパケットを送受信するためのプロトコルです。

（3）トランスポート層

トランスポート層は，その1つ下のインターネット層の IP プロトコルによって決められた通信経路に従ってデータが正確に届いているかを確認する機能を担う層です。

この層には，「TCP」と「UDP」というプロトコルが属します。「**TCP** (Transmission Control Protocol)」は，前もって相互に接続を行っておいて，送信元と送信先のコンピュータでデータ着信の確認を取り合い，通信相手の応答があってから通信を開始します。このような通信方法を「**コネクション型**」といい，TCP は Web サイトの閲覧やメールの送受信などで使用され，通信速度よりもデータ通信の信頼

性を重視するプロトコルです（図2.12）。なお，前もって相互に接続する際の通信の開始から終了までを「**セッション**」といいます。

　一方，セッションは行わないでデータ着信の確認なしで高速にデータを送信する仕組みが「**UDP** (User Datagram Protocol)」で，この方式を「**コネクションレス型**」といいます。UDP は Web 会議や動画配信などのレスポンスの速さが要求される処理で使用され，データ通信の信頼性よりも通信速度（リアルタイム性）を重視するプロトコルです（図2.12）。

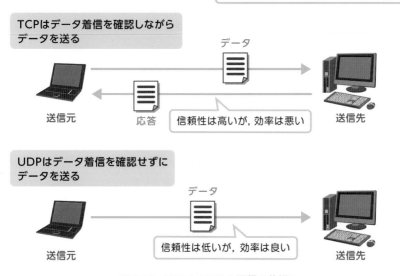

図 2.12　TCP と UDP の通信の仕組み

（4）アプリケーション層

　アプリケーション層は，利用者に対してデータ通信を利用した各種のサービス

（アプリケーション）を提供する機能です。この層の代表的なプロトコルとして，HTTP または HTTPS，FTP，SMTP，POP3 があります。

　HTTP (HyperText Transfer Protocol) は Web サーバと Web ブラウザの間でホームページなどの Web 情報をやり取りするためのプロトコルで，HTTPS (HyperText Transfer Protocol Secure) は SSL (Secure Socket Layer) によってデータを暗号化してインターネット上で送受信するためのプロトコルです。また，「FTP (File Transfer Protocol)」はファイル転送，「SMTP (Simple Mail Transfer Protocol)」はメールを受け渡すプロトコル，「POP3 (Post Office Protocol version 3)」はメールをメールボックスから取り出すプロトコルです。

2.4 TCP/IPのパケットのヘッダ情報

　パケット交換方式では，データは「パケット」という小さなデータに分割され，ルーティングによって最適なルート（経路）で宛先まで届けられます。このような通信では送信可能な最大のデータサイズが決まっており，この最大転送単位を「**MTU** (Maximum Transmission Unit)」といいます。

　ルーティングの際に転送するデータがMTU を超えると，データは自動的に複数のパケットに分割されて送信されます。この際，送信可能なサイズの単位に分割・送信する処理を「**IP フラグメンテーション** (IP fragmentation)」といいます。MTU の値は通信規格によって異なり（例えば Ethernet では最大 1,500 バイトに設定），送信先のネットワークの MTU に合わせてパケットのサイズを自動的に調整するための機能がIP フラグメンテーションです。なお，fragmentation には「断片化」という意味があります。

　パケット交換方式では，1 つの回線に送信先が異なる複数のパケットが混在して流れるため，郵便小包に宛先や送り主などを記した荷札をつけるのと同じように，パケットには送信元や送信先を示すIP アドレスなどの情報を記した「**IPヘッダ**」という情報がつけられています。インターネットのプロトコルの規格にはIPv4 (32 ビット) と IPv6 (128 ビット) がありますが，ここでは IPv4 のヘッダ情報を図 2.13 に示します。

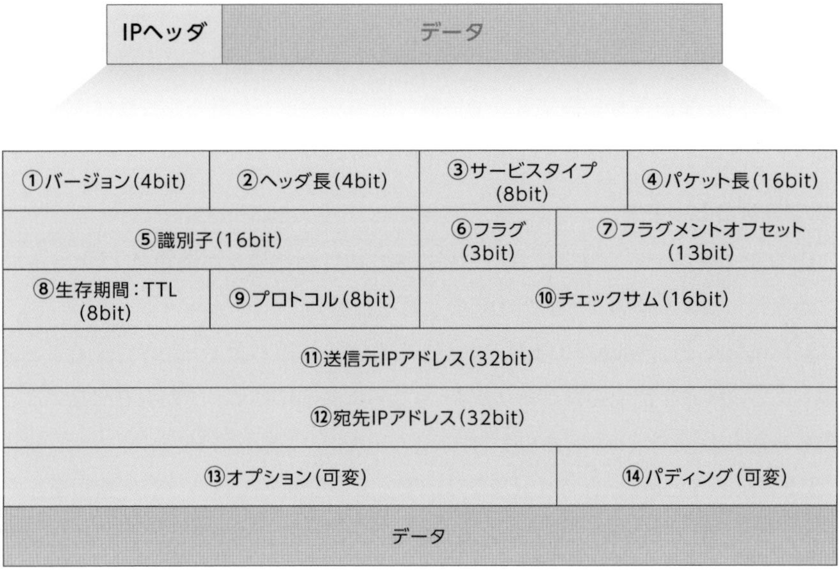

IPヘッダ	データ

①バージョン(4bit)	②ヘッダ長(4bit)	③サービスタイプ (8bit)	④パケット長(16bit)
⑤識別子(16bit)		⑥フラグ (3bit)	⑦フラグメントオフセット (13bit)
⑧生存期間:TTL (8bit)	⑨プロトコル(8bit)	⑩チェックサム(16bit)	
⑪送信元IPアドレス(32bit)			
⑫宛先IPアドレス(32bit)			
⑬オプション(可変)		⑭パディング(可変)	
データ			

図 2.13　パケットのヘッダ情報の項目 (IPv4)

図 2.13 に示したパケットのヘッダ情報の各項目の詳細内容は，次のとおりです。

① バージョン 4 ビット

IPv4 の場合は 4（2 進数 0100）が入ります。

② ヘッダ長 4 ビット

IP ヘッダの長さを 32 ビット（4 バイト）単位で示します。IPv4 ヘッダの長さは基本的に 20 バイト（160 ビット）で，4 バイト（32 ビット）単位に換算した 5 が入ります。

③ サービスタイプ (ToS：Type of Service) 8 ビット

パケットの優先順位を指定する情報で，高い優先度を付けるとルータは優先してそのパケットを転送します。なお，ToS は基本的には指定されません。

④ パケット長 16 ビット

IP パケット全体（IP ヘッダ部とデータ部の合計）の長さをバイト単位で数えたものです。なお，②のヘッダ長は「IP ヘッダ部の長さ」を 4 バイト単位で示したものです。

⑤ 識別子 16 ビット

IP フラグメンテーションが発生してパケットが分割された際に，それぞれのパケットを同じ識別番号に設定し，受信側で他のパケットと混在して受け取っても元のデータに正しく再構成するための情報です。

⑥ フラグ 3 ビット

IP フラグメンテーションにおいて利用される特別なフラグ情報で，3 ビットですが実際に使われるのは MF と DF の 2 ビットです。

MF (More Fragment) の 1 ビットが 1 ならば後続のパケットが存在することを示し，その到着を待つ必要があります。0 ならば後ろにはデータが存在しないことを示します。

DF (Don't Fragment) の 1 ビットはパケットを分断してはいけない指示を与えます。通常，ルータは IP フラグメンテーションを行うことがありますが，DF ビットが 1 の場合は IP フラグメンテーションを行ってはいけないという指示になります。IP フラグメンテーションは，パケットのサイズが MTU 値よりも大きく，DF が 0 の場合に行われます。

⑦ フラグメントオフセット 13 ビット

IP フラグメンテーション前のパケットのどの位置のデータ（何番目の分割されたパケット）かを表す値です。この値から分割されたパケットが，元のデータのどの部分のデータであったのかがわかります。

⑧ 生存期間 (TTL) 8 ビット

TTL (Time to Live) は生存期間を示します。TTL 値はルータを経由するたびに 1 ずつ減り，TTL 値が 0 になった時点でパケットを破棄して「ICMP」というプロトコルで送信元に破棄を通知します。この TTL により，宛先不明のパケットがネットワーク上に長く滞在しないように対策しています（図 2.14）。なお，ICMP (Internet Control Message Protocol) とは TCP/IP でのパケット通信の際に発生したエラー（パケットの到達不能や破棄など）の通知やそのエラーの原因などを通知するプロトコルです。

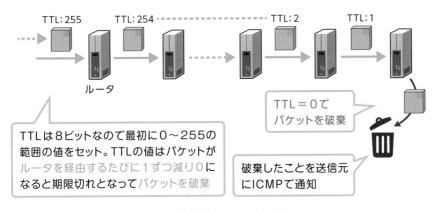

図 2.14　TTL によるパケットの破棄

⑨ プロトコル 8 ビット

IP の上位プロトコルを表し，例えば ICMP は 1，TCP は 6，UDP は 17 のように定義されています。

⑩ チェックサム 16 ビット

IP パケットに誤りがないかを 1 の補数（各桁の 0 と 1 を入れ替えた数で，例えば 1010 は 0101）演算を使ってチェックするビットです。

⑪ 送信元 IP アドレス 32 ビット

32 ビット（4 バイト）で構成された送信元 IP アドレス (IPv4) の情報です。

⑫ 宛先 IP アドレス 32 ビット

32 ビット（4 バイト）で構成された宛先 IP アドレス (IPv4) の情報です。

⑬ オプション 可変

IP パケットに付加するオプションを指定しますが，基本的には使用されません。

⑭ パディング 可変

オプションを指定した場合，IPv4 ヘッダでは 4 バイト（32 ビット）の単位にするように決まっているため，その長さが 4 バイトの倍数のバイト数になるように 0 で穴埋め（パディング）します。

演習問題

問題 2.1

LAN 間を OSI 基本参照モデルの物理層で相互に接続する装置はどれか。

（基本情報技術者　平成 25 年 秋期 午前 問 34)

（**ア**）ゲートウェイ　　　（**イ**）ブリッジ　　　（**ウ**）リピータ　　　（**エ**）ルータ

注）OSI 参照モデルは「OSI 基本参照モデル」と表現されることがあります。

問題 2.2

OSI 参照モデルの第 3 層に位置し，通信の経路選択機能や中継機能を果たす層はどれか。

（基本情報技術者　平成 27 年 秋期 午前 問 31)

（**ア**）セッション層　　　　（**イ**）データリンク層
（**ウ**）トランスポート層　　（**エ**）ネットワーク層

問題 2.3

トランスポート層のプロトコルであり，信頼性よりもリアルタイム性が重視される場合に用いられるものはどれか。

（基本情報技術者　平成 31 年 春期 午前 問 33)

（**ア**）HTTP　　　（**イ**）IP　　　（**ウ**）TCP　　　（**エ**）UDP

問題 2.4

OSI 基本参照モデルの各層で中継する装置を，物理層で中継する装置，データリンク層で中継する装置，ネットワーク層で中継する装置の順に並べたものはどれか。

（基本情報技術者　平成 26 年 春期 午前 問 30)

（**ア**）ブリッジ，リピータ，ルータ　　（**イ**）ブリッジ，ルータ，リピータ

（**ウ**）リピータ，ブリッジ，ルータ　　（**エ**）リピータ，ルータ，ブリッジ

問題 2.5

インターネット上のコンピュータでは，Web や電子メールなど様々なアプリ
ケーションプログラムが動作し，それぞれに対応したアプリケーション層の通
信プロトコルが使われている。これらの通信プロトコルの下位にあり，基本的
な通信機能を実現するものとして共通に使われる通信プロトコルはどれか。

（IT パスポート　令和 5 年 問 68）

（**ア**）FTP　　　　（**イ**）POP　　　　（**ウ**）SMTP　　　（**エ**）TCP/IP

問題 2.6

インターネット上でデータを送るときに，データをいくつかの塊に分割し，宛
先，分割した順序，誤り検出符号などを記したヘッダをつけて送っている。こ
のデータの塊を何と呼ぶか。

（IT パスポート　平成 26 年 秋期 問 70）

（**ア**）ドメイン　　（**イ**）パケット　　（**ウ**）ポート　　　（**エ**）ルータ

問題 2.7

インターネットプロトコルの TCP と UDP 両方のヘッダに存在するものはどれか。
（ネットワークスペシャリスト　令和 3 年 春期 午前 II 問 13）

（**ア**）宛先 IP アドレス　　　　（**イ**）宛先 MAC アドレス

（**ウ**）生存時間 (TTL)　　　　（**エ**）送信元ポート番号

演習問題の解答・解説

問題 2.1　　　　　　　　　　　　　　　　　　　　　　　正解 （ウ）

（**ア**）ゲートウェイは，OSI 参照モデルのトランスポート層以上で異なる LAN システム相互間でプロトコル変換を行う機器です。

（**イ**）ブリッジは，OSI 参照モデルのデータリンク層で接続し，MAC アドレスを使ってパケットのフィルタリングを行う機器です。

（**ウ**）リピータは，OSI 参照モデルの物理層で動作する機器で，通信途中で電気信号の波形が劣化した際にその波形を増幅・整形して信号の中継・転送を行う機器です。（正解）（2.1.2 項参照）

（**エ**）ルータは，OSI 参照モデルのネットワーク層に位置する中継機器で，ネットワーク上を流れるデータ（パケット）の中継を行う機器です。

問題 2.2　　　　　　　　　　　　　　　　　　　　　　　正解 （エ）

（**ア**）セッション層（第 5 層）は，通信の開始から終了までのセッション管理の機能を果たします。

（**イ**）データリンク層（第 2 層）は，同一ネットワーク内で直接接続している隣接機器との通信機能を果たします。

（**ウ**）トランスポート層（第 4 層）は，データ転送の信頼性（到達確認，再送制御，誤り検出など）の確保などの機能を果たします。

（**エ**）通信の経路選択機能や中継機能を果たす OSI 参照モデルの層は，第 3 層の「ネットワーク層」です。（正解）（2.1.2 項参照）

問題 2.3　　　　　　　　　　　　　　　　　　　　　　　正解 （エ）

（**ア**）HTTP (HyperText Transfer Protocol) は，アプリケーション層のプロトコルです。

（**イ**）IP (Internet Protocol) は，ネットワーク層のプロトコルです。

（**ウ**）TCP (Transmission Control Protocol) は，トランスポート層のプロトコルで通信のリアルタイム性よりも信頼性を重視する通信に用います。

（エ）UDP (User Datagram Protocol) は，信頼性よりもリアルタイム性を重視する通信に用います。（正解）（2.3.2 項参照）

問題 2.4　　　　　　　　　　　　　　　　　　　　　　**正解（ウ）**

OSI 参照モデルの物理層で中継する装置は「リピータ」，データリンク層で中継する装置は「ブリッジ」，ネットワーク層で中継する装置は「ルータ」です。したがって，「ウ」が正解です。（2.1.2 項参照）

問題 2.5　　　　　　　　　　　　　　　　　　　　　　**正解（エ）**

（ア）FTP (File Transfer Protocol) は，ファイル転送のプロトコルです。

（イ）POP (Post Office Protocol) は，メールをメールボックスから取り出すプロトコルです。

（ウ）SMTP (Simple Mail Transfer Protocol) は，メールを送信するためのプロトコルです。

（エ）アプリケーション層の下位にある TCP/IP は，インターネットにおいて広く標準的に利用され，基本的な通信機能を実現する通信プロトコルです。（正解）（2.3.2 項参照）

問題 2.6　　　　　　　　　　　　　　　　　　　　　　**正解（イ）**

（ア）ドメインとは，例えば www.xxx.com のように表記するインターネット上の住所です。

（イ）インターネット通信では，データは「パケット」という小さな塊のデータに分割され，パケットには送信元や送信先を示す IP アドレスなどの情報を記した「ヘッダ」という情報がついています。（正解）（2.4 節参照）

（ウ）ポートは，ネットワークにおいてデータをやり取りする「出入り口」のことです。

（エ）ルータは，パケットを最適な経路で宛先へ中継する通信装置です。

　　　　　　　　　　　　　　　　　　　　　　　　正解（エ）

　TCP のヘッダ構造は,「送信元ポート番号 (16 ビット)」,「宛先ポート番号 (16 ビット)」, 送信データに順序をつけるための番号の「シーケンス番号 (32 ビット)」など「データ部」を含めて 16 のフィールド (20 バイト) から構成されます。

　一方, UDP のヘッダ構造は, 高いリアルタイム性を実現するために「送信元ポート番号 (16 ビット)」,「宛先ポート番号 (16 ビット)」, UDP パケットの長さを表す「ヘッダ長 (4 ビット)」, UDP パケットの整合性を検査する「チェックサム (16 ビット)」, および「データ部」の 5 つのフィールド (8 バイト) から構成されます。

　したがって, TCP と UDP 両方のヘッダに存在するフィールドは「送信元ポート番号」のみで,（エ）が正解です。

第3章 IPアドレスとMACアドレス

この章では，情報量の表現や基数変換の方法を学んだうえで，ネットワークに接続されているコンピュータや通信機器に必ず付与されている IP アドレスと MAC アドレスの仕組みや役割，また IP アドレスと MAC アドレスによるルーティングや IP アドレスと MAC アドレスの違いについて学習します。

3.1 情報量の表現方法

3.1.1 ビットとバイト

コンピュータの世界では情報量を「ビット (bit)」という単位で表現し，1 ビットは 2 進数の 0 か 1 の 1 桁のことです。そして，0 か 1 が 8 個集まった 8 ビット（8 桁）を「1 バイト (byte)」と表現し，バイトは最も基本的なデータ量の単位になります。1 バイトでは，例えば 00000001 や 00000010 など 2 の 8 乗通り（256 種類）の 0 と 1 の並びの表現が可能になります。

また，データの表現方法の単位とその情報量として，1 バイト = 8 ビット，1 キロバイト = 1,000 バイト，1 メガバイト = 1,000 キロバイト，1 ギガバイト = 1,000 メガバイト，1 テラバイト = 1,000 ギガバイト，1 ペタバイト = 1,000 テラバイトになります（表 3.1）。

表3.1　情報の単位と情報量

単位	英語表記（省略形）	情報量
ビット	bit (b)	
バイト	Byte (B)	1 B = 8 b
キロバイト	Kilo Byte (KB)	1 KB = 1,000 B
メガバイト	Mega Byte (MB)	1 MB = 1,000 KB
ギガバイト	Giga Byte (GB)	1 GB = 1,000 MB
テラバイト	Tera Byte (TB)	1 TB = 1,000 GB
ペタバイト	Peta Byte (PB)	1 PB = 1,000 TB

3.1.2　2進数と10進数の基数変換

　ネットワーク技術を理解するには2進数や16進数は避けて通れない内容で，特に10進数，2進数，16進数の相互変換の方法を理解しておく必要があります。なお，2進数では2，10進数では10，16進数では16を「**基数（きすう）**」といいます。

　10進数から2進数への基数変換は10進数の値を基数2で除算し，その商が2以上の場合のみ除算を繰り返します。例えば，10進数の22を2進数に変換する手順は次のとおりです。

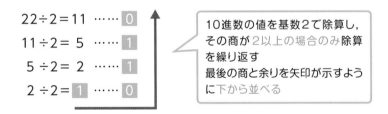

$$22 \div 2 = 11 \cdots\cdots \boxed{0}$$
$$11 \div 2 = 5 \cdots\cdots \boxed{1}$$
$$5 \div 2 = 2 \cdots\cdots \boxed{1}$$
$$2 \div 2 = \boxed{1} \cdots\cdots \boxed{0}$$

10進数の値を基数2で除算し，その商が2以上の場合のみ除算を繰り返す
最後の商と余りを矢印が示すように下から並べる

　この結果，最後の商と余りを矢印が示すように下から並べると，10進数の22は2進数で表現すると10110となります。なお，10110と表記すると10進数の10110（イチマン・ヒャク・ジュウ）なのか，2進数の10110（イチ・ゼロ・イチ・イチ・ゼロ）なのか判断できないため，$(10110)_{10}$のように下付き文字10をつけて（　）内の数値が10進数であることを示したり，$(10110)_2$のように下付き文字

2をつけて（　　）内の数値が2進数であることを示したりします。

　次に，2進数から10進数への基数変換は各桁の2を基数とする「重み」を使います。例えば，10進数 $(123)_{10}$ には右から1桁目に 10^0，2桁目に 10^1，3桁目に 10^2 の重みがつき，式 (1.1) から123が成立します。なお，10^0 の10を「底（てい）」，右肩に記している0は「指数」といい，指数が0の場合は $1^0 = 1$，$2^0 = 1$，$3^0 = 1$ のように底が変わっても必ず1になります。

$$(123)_{10} = 10^2 \times 1 + 10^1 \times 2 + 10^0 \times 3 \tag{1.1}$$

　2進数の場合は右から1桁目に 2^0，2桁目に 2^1，3桁目に 2^2，4桁目に 2^3，5桁目に 2^4，…の重みがついています。

2進数	1	0	1	1	0
	↑	↑	↑	↑	↑
重み	2^4	2^3	2^2	2^1	2^0

　例として，$(10110)_2$ を10進数に基数変換する手順は式 (1.2) となり，2進数の10110は10進数で22となります。

$$
\begin{aligned}
(10110)_2 &= 2^4 \times 1 + 2^3 \times 0 + 2^2 \times 1 + 2^1 \times 1 + 2^0 \times 0 \\
&= 16 + 0 + 4 + 2 + 0 \\
&= (22)_{10}
\end{aligned}
\tag{1.2}
$$

3.1.3 16進数

　2進数は，例えば1001111011110001のように桁（ビット）数が多くなることから，2進数の4桁を1桁で表現できる16進数が使われることがあります。

　10進数を16進数に変換するには，次の例のように10進数の値を基数16で除算して求めます。

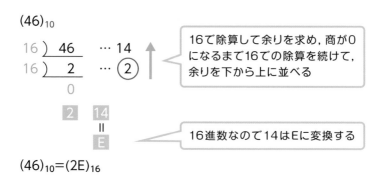

$(46)_{10}=(2E)_{16}$

次に，2進数を16進数に変換するには，次の例のように2進数の4桁を16進数の1桁で表現します。

$$(1 0 | 1 1 1 0)_2$$
$$=(0 0 1 0 | 1 1 1 0)_2$$

右から4桁ずつ区切り線を入れて
2進数の4桁ごとに16進数へ変換

2　14

$(101110)_2=(2E)_{16}$

表3.2は，10進数，2進数，16進数の対応を示しています。

表3.2　10進数，2進数，16進数の対応表

10進数	2進数	16進数	10進数	2進数	16進数
0	0000	0	9	1001	9
1	0001	1	10	1010	A (a)
2	0010	2	11	1011	B (b)
3	0011	3	12	1100	C (c)
4	0100	4	13	1101	D (d)
5	0101	5	14	1110	E (e)
6	0110	6	15	1111	F (f)
7	0111	7	16	10000	10
8	1000	8	17	10001	11

次に，2進数を使った情報の表現を考えます。2進数の1ビットでは0か1の2種類の情報，2ビットで00，01，10，11の4種類（0と1の並びのパターン）の情報が表現できます。つまり，2進数では n ビットあると 2^n のビットの並びのパターンができる仕組みになっており，指数が1増えるとべき乗の値は倍になります（表3.3）。特に $2^0 = 1$, $2^8 = 256$, $2^{10} = 1,024$, $2^{16} = 65,536$ となることを覚えておきましょう。

表3.3　2を底とする数値のべき乗

$2^0 = 1$
$2^1 = 2$
$2^2 = 4$
$2^3 = 8$
$2^4 = 16$
$2^5 = 32$
$2^6 = 64$
$2^7 = 128$
$2^8 = 256$
$2^9 = 512$
$2^{10} = 1,024$
$2^{11} = 2,048$
$2^{12} = 4,096$
$2^{13} = 8,192$
$2^{14} = 16,384$
$2^{15} = 32,768$
$2^{16} = 65,536$

指数が1増えるとべき乗の値は倍になる
例えば，
$2^{10} = 1,024$なので2^{11}はその倍の2,048

3.2 IPアドレス

3.2.1 IPアドレスとは

IPアドレスのIPとはInternet Protocolの略称で，OSI参照モデルの第3層の「ネットワーク層」のIPプロトコルで使用される「アドレス（番地）」のことです。ネットワークに接続されているコンピュータや通信機器にはIPアドレスが付与され，それらの機器はIPアドレスで管理されています。

　1990年代後半から使われ始めた「**IPv4** (Internet Protocol version 4)」という IPアドレスは32ビットの長さで構成され，約43億個（2の32乗から42億9496万7296）のグローバルIPアドレスを割り振ることができます。しかし，現実的にはその数でもIPアドレスは不足するため，直接的にはインターネットに接続しない企業などの組織内のネットワークではその組織内だけで有効な「プライベートIPアドレス」を割り当てるのが一般的です。また，IPv4におけるIPアドレスの不足問題に対処するためにIPアドレスを128ビットで表現する「**IPv6**」というIPアドレスの標準化も進み，IPv6を使ったサービスも実用化されています。

　IPv4でインターネット回線に接続するには，1990年代に電話回線を使ってインターネットに接続していた頃の「**PPP** (Point-to-Point Protocol)」という1対1の通信で利用されるプロトコルに基づいた「**PPPoE** (PPP over Ethernet)」という方式を用います。この接続では，ユーザー名とパスワードを入力して通信回線を利用者の通信機器に接続するための装置である「**ネットワーク終端装置**」を必ず通過することになり，通信量が増加するとその装置で混雑が発生して通信速度が遅くなる傾向があります。

　一方，IPv6では帯域幅が拡大されてデータ容量が多くなる「**IPoE** (IP over Ethernet)」という新しい方式での接続が可能になり，IPoEではネットワーク終端装置が不要になって通信速度がPPPoE方式よりも速くなることがあります。

3.2.2 IPアドレスの仕組み

　IPv4のIPアドレスは32ビット（32桁の2進数）の長さで構成され，8ビットずつ "." (ピリオド) で区切って，それぞれを4つの10進数で表現します（図3.1）。

　それぞれに区切られた8ビットは「**オクテット**」と呼ばれ，左から第1オクテット，第2オクテット，第3オクテット，第4オクテットといいます。なお，バイトという単位も8ビットですが，ネットワークではオクテットという表現も使われます。

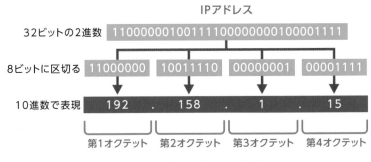

図 3.1 IP アドレス (IPv4) の仕組み

1つのオクテットの範囲は8ビットなので2の8乗（256通り）の数値（0と1のビットの並びのパターン）が表現でき，2進数で 00000000 〜 11111111，10 進数で 0 〜 255 の範囲の数値で表現されます。

一方，128 ビットの長さで構成される IPv6 で使える IP アドレスの数は，43 億の 4 乗（43 億× 43 億× 43 億× 43 億）となって，事実上アドレスの数は無限大になります。なお，IPv5 は実験用プロトコルに割り当てられたことから IPv4 の後継が IPv6 になっています。

IPv6 の IP アドレスは，次の例のように 128 ビットを 16 ビットずつ 8 つに「":"（コロン）」で区切って 16 進数で表記します。

1001:0db8:0000:0000:0000:ff00:0000:8333

なお，各フィールドの先頭の 0 の並びは省略可能（0db8 は db8），フィールドのビットがすべて 0 の場合は 1 つの 0 に省略可能（0000 は 0），ビットがすべて 0 のフィールドが連続する場合はその 0 をすべて省略して 2 重コロン（::）に省略（0000:0000:0000 は ::）して，次のように表記することができます。

1001:db8::ff00:0:8333

　IPv4のIPアドレスは，図3.2のように「**ネットワークアドレス（部）**」と「**ホストアドレス（部）**」の2つに分かれています。

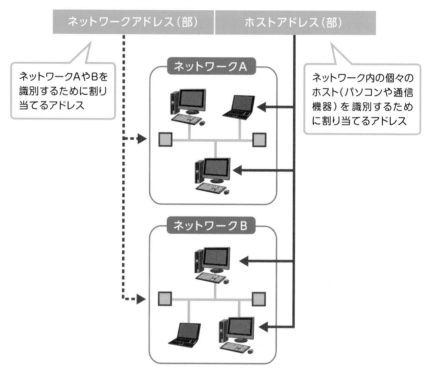

10101100.00100000.00000000.00000001

ネットワークアドレス（部）　　　　ホストアドレス（部）

ネットワークAやBを識別するために割り当てるアドレス

ネットワークA

ネットワーク内の個々のホスト（パソコンや通信機器）を識別するために割り当てるアドレス

ネットワークB

図3.2　ネットワークアドレス（部）とホストアドレス（部）

　ネットワークアドレス（部）は，1つのネットワークに割り当てられるIPアドレスで，そのネットワーク自身を指し示すアドレス部になります。一方，ホストアドレス（部）はネットワークアドレス（部）で識別されたネットワーク内に接続されているホスト（パソコンや通信機器）を識別するために割り当てられるアドレスです。

　TCP/IP（インターネット）では，ネットワークに接続されているすべてのホストに対して同時にデータ送信を行い，ネットワークに接続されているホストの設

定情報を調べたり，ネットワーク情報の設定を行ったりすることがあります。ネットワークに接続されたすべてのホストを対象にして同時にデータ送信することを「ブロードキャスト (broadcast)」といいます。ブロードキャストを行うためのIPアドレスはホストアドレス（部）がすべて1（イチ）に決められており，この予約済みのIPアドレスを「ブロードキャストアドレス」といいます。なお，ブロードキャストに対して特定の単一のホストに向けて1対1でデータ送信することを「ユニキャスト (unicast)」，グループ化した複数のホストに向けて一斉送信することを「マルチキャスト (multicast)」といいます。

3.2.3　IPアドレスのクラス

IPv4のアドレスは，32ビットの内訳がネットワークアドレス（部）とホストアドレス（部）にどのようなビット数で分けられているかを基準にしてクラス分けされます。その構成が8ビットと24ビットは「クラスA」，16ビットと16ビットは「クラスB」，24ビットと8ビットは「クラスC」にクラス分けされます（図3.3）。

クラスAからクラスCのホストアドレス部の先頭（0の並び）はネットワーク自身を指し示す「ネットワークアドレス」，最後（1の並び）は「ブロードキャスト」として使われるため，これら2つのアドレスは予約済みのIPアドレスとしてホスト（パソコンや通信機器）には割り振ることはできません。

したがって，IPアドレスから実際に接続できるホストの数を求める場合は2を引いた値にする必要があります。また別の予約済みのIPアドレスとして，「ループバックアドレス (loopback address)」というコンピュータ自身を示すIPアドレスもあり，一般的にループバックアドレスには127.0.0.1のIPアドレスが使われます。

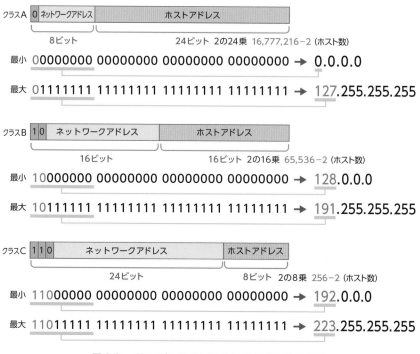

図3.3. IPアドレスのクラスとIPアドレスの範囲

（1）クラスA

先頭の1ビット(0)がクラスの識別子として使われ，ネットワークアドレスとして割り振れるビットが7ビットのクラスです。ホストアドレスは24ビット（2の24乗の16,777,216）なので16,777,214個（ネットワークアドレスとブロードキャストの2を引く）のIPアドレスをホストに割り当てることができます。クラスAのIPアドレスの範囲は，最初の1ビットが0なので10進数で0.0.0.0から127.255.255.255までとなります。

（2）クラス B

先頭の 2 ビット (10) がクラスの識別子として使われ，ネットワークアドレスとして割り振れるビットが 14 ビットのクラスです。ホストアドレスは 16 ビット（2の 16 乗の 65,536）なので 65,534 個の IP アドレスをホストに割り当てることができます。クラス B の IP アドレスの範囲は，最初の 2 ビットが 10 なので 10 進数で128.0.0.0 から 191.255.255.255 までとなります。

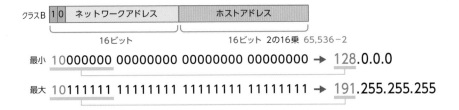

（3）クラス C

先頭の 3 ビット (110) がクラスの識別子として使われ，ネットワークアドレスとして割り振られるビットが 21 ビットのクラスです。ホストアドレスは 8 ビット（2 の 8 乗の 256）なので 254 個の IP アドレスをホストに割り当てることができます。クラス C の IP アドレスの範囲は，最初の 3 ビットが 110 なので 10 進数で192.0.0.0 から 223.255.255.255 までとなります。

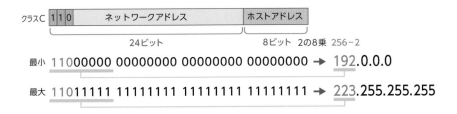

このように，それぞれのクラスの IP アドレスの範囲が決められていることから，IP アドレスの第 1 オクテットの 10 進数の値を見れば，どのクラスの IP アドレスかを判別できます。例えば，189.203.20.5 の IP アドレスは第 1 オクテットが 10 進数で 189 なので，クラス B（128 から 191）の IP アドレスであると判断できます。

また，IP アドレスには「グローバル IP アドレス」と「プライベート IP アドレス」の 2 つの種類があります。グローバル IP アドレスは，電話の外線番号のように世界中で一意となるように管理されている IP アドレスで，プライベート IP アドレスは電話の内線番号のように組織の中で一意であれば，次に示す決められた範囲内で自由に設定することができます。

クラス A	10.0.0.0 ～ 10.255.255.255
クラス B	172.16.0.0 ～ 172.31.255.255
クラス C	192.168.0.0 ～ 192.168.255.255

なお，パソコンなどに設定されている IP アドレスを確認するには，例えば Windows パソコンのコマンドプロンプトで「ipconfig」と入力することで設定されている IP アドレスやサブネットマスクなどを表示することができます。また，「ipconfig/all」と入力することで，MAC アドレス（3.6.1 項参照）も含めた情報を表示することができます。

3.3 サブネットマスク

3.3.1 サブネットマスクとは

IP アドレスは当初 A，B，C のクラス単位で配布されていましたが，3 つのクラスでは保有できるホストの数（クラス A は 16,777,214，クラス B は 65,534，クラス C は 254）の差が大きかったことから，結果的に多くの IP アドレスが未使用になりました。

例えば，ある会社で 300 台のパソコンを接続するネットワークを構築する際，300 個の IP アドレスを申請するのではなく，クラス B（クラス C はホストの数が 254 であるため不足）を 1 つ取得しました。クラス B ではホストの数が 65,534 となり，300 台のネットワークでは 65,234 個の IP アドレスが未使用になります。

この問題に対処するために，ホストアドレス部を「サブネット」という小さな単位のネットワークを設定するためのビットに充当する方法が考案されました。つまり，ホストアドレス部のビット数を減らして（ホスト数は減少する），その減らした

分のビットをサブネット用のビットに振り替える考え方です。このサブネットを設定するために使う値を「**サブネットマスク (subnet mask)**」といい，サブネットマスクは1つのネットワークを複数の小さなサブネットに分割する際に使われます。

このサブネット化の考え方によって，クラスごとに決められていたネットワークアドレスとホストアドレスの割り振り（例えば，クラスAのネットワークアドレスは8ビットでホストアドレスは24ビット）の制約を排除する「**クラスレスアドレス割り当て**」が可能になり，IPアドレスの無駄や不足を解消する対処方法になっています。

3.3.2 サブネットマスクの例題1

> IPアドレス 172.16.0.1 に 255.255.255.0 のサブネットマスクをかけた場合について，次の (1) と (2) の値を求める。
>
> **(1) サブネット数**
> **(2) 1つのサブネットのホスト数**

（1）サブネット数

IPアドレス 172.16.0.1 は，第1オクテットの10進数の値 (172) がクラスBの範囲 (128～191) に入る（図3.3参照）ことからネットワークアドレスは16ビット（下図の黒線より左側），ホストアドレスも16ビット（黒線より右側）になります。次に，サブネットマスクの 255.255.255.0 を2進数に変換したときの1から0に変わる境界（青線）が決まります。

172	.	16		0	.	1

ネットワークアドレス		ホストアドレス	
10101100	00010000	00000000	00000001
11111111	11111111	11111111	00000000
255	255	255	0

IPアドレスのクラスによって定まった黒線とサブネットマスクによって定まった青線の間の8ビットがサブネットを識別するビットとなり，サブネットの数は

2の8乗から256になります。なお，サブネットマスクは2進数で表現すると必ず1の連続で始まり0の連続で終わるので，どのようなサブネットマスクの値でも1から0に変わる箇所は1か所（青線）だけ存在することになります。

（2）1つのサブネットのホスト数

ホストを識別するビットは，サブネットマスクで定まる青線より右側の8ビットとなり，1つのサブネットのホストの数は，2の8乗から2（ネットワークアドレスとブロードキャストアドレス）を引いて254になります。

以上の解き方の手順を整理すると図3.4になります。なお，例題1では，サブネットマスク（255.255.255.0）を設定する前の全体のホスト数は2の16乗から2を引いて65,534でしたが，255.255.255.0のサブネットマスクを設定したことで全体のホストの数は256（サブネット数）× 254（1つのサブネットのホスト数）から65,024になります。

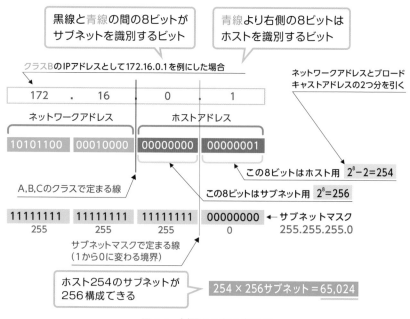

図3.4 例題1を解く考え方

表3.4はサブネットマスクを10進数と2進数で表記し，それらに対応するビットの数（左から連続する1の個数）およびホストの数を示しています。2進数表記の1の個数を記したビットの数が増えるとホストの数が減少することになります。

表3.4　サブネットマスクの10進数表記，2進数表記，ビットの数，ホストの数

10進数表記	2進数表記	ビットの数	ホストの数	
255.0.0.0	11111111.00000000.00000000.00000000	8	16,777,214	デフォルトマスク
255.128.0.0	11111111.10000000.00000000.00000000	9	8,388,606	
255.192.0.0	11111111.11000000.00000000.00000000	10	4,194,302	
255.224.0.0	11111111.11100000.00000000.00000000	11	2,097,150	
255.240.0.0	11111111.11110000.00000000.00000000	12	1,048,574	
255.248.0.0	11111111.11111000.00000000.00000000	13	524,286	
255.252.0.0	11111111.11111100.00000000.00000000	14	262,142	
255.254.0.0	11111111.11111110.00000000.00000000	15	131,070	
255.255.0.0	11111111.11111111.00000000.00000000	16	65,534	デフォルトマスク
255.255.128.0	11111111.11111111.10000000.00000000	17	32,766	
255.255.192.0	11111111.11111111.11000000.00000000	18	16,382	
255.255.224.0	11111111.11111111.11100000.00000000	19	8,190	
255.255.240.0	11111111.11111111.11110000.00000000	20	4,094	
255.255.248.0	11111111.11111111.11111000.00000000	21	2,046	
255.255.252.0	11111111.11111111.11111100.00000000	22	1,022	
255.255.254.0	11111111.11111111.11111110.00000000	23	510	
255.255.255.0	11111111.11111111.11111111.00000000	24	254	デフォルトマスク
255.255.255.128	11111111.11111111.11111111.10000000	25	126	
255.255.255.192	11111111.11111111.11111111.11000000	26	62	
255.255.255.224	11111111.11111111.11111111.11100000	27	30	
255.255.255.240	11111111.11111111.11111111.11110000	28	14	
255.255.255.248	11111111.11111111.11111111.11111000	29	6	
255.255.255.252	11111111.11111111.11111111.11111100	30	2	

　サブネットマスクは必ずIPアドレスとペアにして設定し，サブネットマスクの指定によってサブネットを識別するビットの数（範囲）が決まります。

　デフォルト（初期設定）では，クラスAのネットワークアドレスは8ビット，クラスBのネットワークアドレスは16ビット，クラスCのネットワークアドレスは24ビットですが（図3.3参照），このデフォルトはクラスAに255.0.0.0，クラスBに255.255.0.0，クラスCに255.255.255.0のサブネットマスクが設定されていることを意味しています。これら3つのサブネットマスクを「**デフォルトマスク（またはナチュラルマスク）**」といいます（表3.4の10進数表記の列の網かけ部）。

■ 3.3.3 サブネットマスクの例題2

　あるホストのIPアドレスが192.168.1.100で，サブネットマスクが255.255.255.192に設定されたホストについて，(1)から(5)の値を求める。

(1) ホストの属するサブネットのネットワークアドレス

(2) ブロードキャストアドレス

(3) サブネットの数

(4) 1つのサブネットのホスト数

(5) ネットワーク全体のホスト数

（1）ホストの属するサブネットのネットワークアドレス

　ネットワークアドレスを求めるには，次の図のようにIPアドレスとサブネットマスクを2進数で表現し，それぞれ対応するビットを比較して1と1 (1 AND 1) ならば1（両方が1の場合のみ1）とする論理演算（AND演算）で求めることができます（表3.5）。この手順に従うと，ネットワークアドレスは2進数で11000000 10101000 00000001 01000000，10進数で192.168.1.64になります。

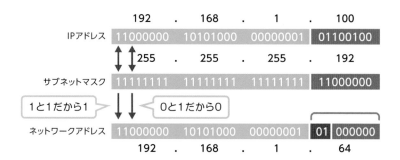

表3.5　ネットワークアドレスを求めるAND演算の判定結果 (真理値表)

IPアドレスの値	サブネットマスクの値	ネットワークアドレス (演算結果)
0	0	0
0	1	0
1	0	0
1	1	1

(2) ブロードキャストアドレス

　IPアドレスは192.168.1.100なのでクラスCとなり (図3.3参照), ネットワークアドレスが24ビット, ホストアドレスが8ビットとなります (黒線)。次にサブネットマスクの255.255.255.0を2進数に変換したときの1から0に変わる境界 (青線) が定まり, 青線より右側の6ビットがホストアドレスになります。ブロードキャストアドレスはホストアドレスをすべて1にするので, 最後の第4オクテット (8ビット) は2進数で01111111, 10進数では127となり, ブロードキャストアドレスは192.168.1.127になります。

（3）サブネットの数

　サブネットを識別するビットは黒線と青線の間の2ビットなので，2の2乗の4になります。つまり，00, 01, 10, 11の4つのサブネットが作れます。

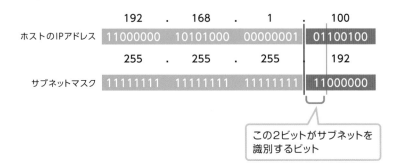

（4）1つのサブネットのホスト数

　ホストを識別するビットは青線より右側6ビットなので，2の6乗の64からネットワークアドレスとブロードキャストアドレスの2を減算した62が1つのサブネットのホスト数になります。

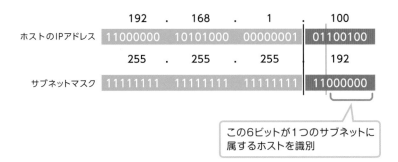

（5）ネットワーク全体のホスト数

　1つのサブネットのホスト数は62，サブネット数は4なので，ネットワーク全体では62×4から248になります。

　以上の解き方の手順を整理すると図3.5になります。

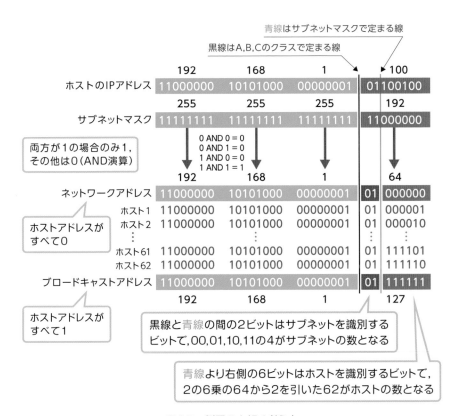

図 3.5　例題 2 を解く考え方

　サブネットマスクは，例えば「例題 2」の 255.255.255.192 のように 4 つのオク
テットをそれぞれ 10 進数で表記しますが，この表記の他にも「**CIDR**（Classless
Inter-Domain Routing：サイダー）」という表記方法があります。CIDR では，IP
アドレスのあとに「／（スラッシュ）」をつけて，サブネットマスクの上位から連
続する 1 の部分のビットの数を記します。

　例えば，IP アドレスが 192.168.1.100，サブネットマスクが 255.255.255.192 の
場合では，192.168.1.100/26 と CIDR 表記します（図 3.6）。つまり，／26 と示
せば 1 が左側から 26 個あり，10 進数では 255.255.255.192 とわかる仕組みになっ
ています（表 3.4 の 10 進数表記の 255.255.255.192 を参照）。なお，／26 のよう
に／をつけた表記を「**プレフィックス**」といいます。

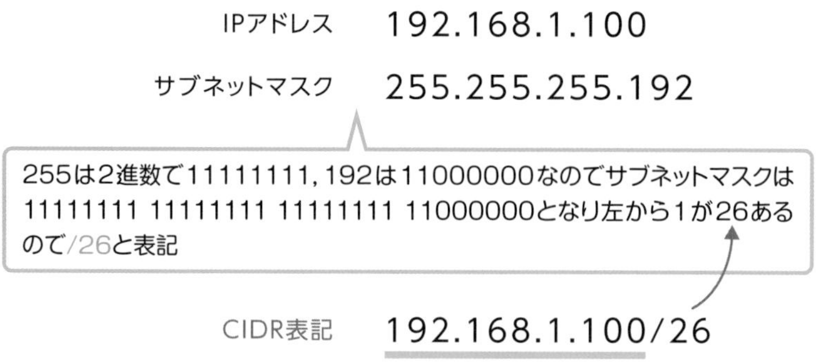

IPアドレス　　**192.168.1.100**

サブネットマスク　**255.255.255.192**

> 255は2進数で11111111，192は11000000なのでサブネットマスクは
> 11111111 11111111 11111111 11000000となり左から1が26ある
> ので/26と表記

CIDR表記　　**192.168.1.100/26**

図 3.6　CIDR 表記の例

3.4　NAT と NAPT

3.4.1　NAT

　インターネットでは，グローバル IP アドレスをつけたホスト（パソコン）から送信されたパケットの転送は可能ですが，企業内などプライベート IP アドレスをつけたホストから送信されたパケットはインターネット上では破棄されて通信することはできません。

　この問題に対処するために，パケットのヘッダ情報（2.4 節参照）の IP アドレスを，プライベート IP アドレスからグローバル IP アドレスにつけ替えてインターネット上で転送する「**NAT**（Network Address Translation：ナット）」という方式が使われます。

　NAT は，NAT の機能をもったルータにグローバル IP アドレスを蓄えておき，送信元のパケットがそのルータを通過するときにパケットのプライベート IP アドレスをグローバル IP アドレスに 1 対 1 でつけ替えます（図 3.7）。その際，ルータはつけ替えたプライベート IP アドレスとグローバル IP アドレスの対応を「**NAT テーブル**」という表を作成して記録します。送信元のパケットに対する返信の際は，NAT テーブルを確認して送信元のプライベート IP アドレスにつけ替えて企業内などのネットワークのホストへ返信する仕組みになっています。

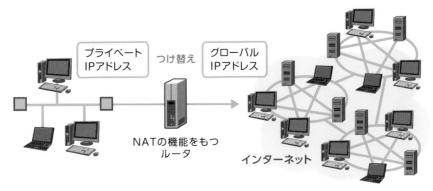

NAPTではポート番号もつけ替えの対象

NATテーブル

変換前プライベートIPアドレス	変換後グローバルIPアドレス	ポート番号
10.xx1.xx1.xx1	200.yy1.yy1.yy1	p1
10.xx2.xx2.xx2	200.yy2.yy2.yy2	p2

プライベート
IPアドレス

つけ替え

グローバル
IPアドレス

NATの機能をもつ
ルータ

インターネット

図 3.7　NAT の仕組み

3.4.2 NAPT

　NAT は，プライベート IP アドレスとグローバル IP アドレスを 1 対 1 で変換します。企業内などのネットワークからプライベート IP アドレスがつけられた複数のホストを 1 つのグローバル IP アドレスにつけ替えてインターネットにパケットを送信すると，そのパケットへの返信はすべてルータのグローバル IP アドレス宛に返されます。その際，ルータは NAT テーブルを確認してもどの送信元ホストのプライベート IP アドレスにつけ替えればよいのかを判断できません。つまり，NAT にはルータが蓄えているグローバル IP アドレスの数しか同時接続ができない制限があります。

　この制限に対処する方法として，送信元の IP アドレスのつけ替えに加えてパケットに設定されているポート番号もつけ替える「**NAPT**（Network Address Port Translation：ナプト）」という仕組みがあります。NAPT では，変換前と変換後の IP アドレスに加えて，図 3.7 の NAT テーブルが示すように「**ポート番号**」もテーブルに記録します。応答パケットがルータのグローバル IP アドレス宛に返

された際はそのパケットの宛先ポート番号とルータのテーブルを照合し，どのホスト宛のパケットなのかを判断して該当するプライベート IP アドレスにつけ替えて企業内などのネットワークへ送信する仕組みになっています。なお，NAPT は「IP マスカレード」ともいいます。

　ポート番号とは，通信の接続口となる番号です。**0** から **65,535** までの番号をつけて，Web 閲覧やメールの送受信などのアプリケーションの接続口を識別します。例えば，IP アドレスはあるマンションの住所，ポート番号はそのマンション内の部屋番号を識別する機能をもちます。なお，0 から 1,023 のポート番号を「**ウェル・ノウン・ポート (well known port)**」といい，これらのポート番号は SMTP が 25，HTTP が 80，FTP が 21，POP3 が 110 のようにプロトコル別に予約されています（図 3.8）。

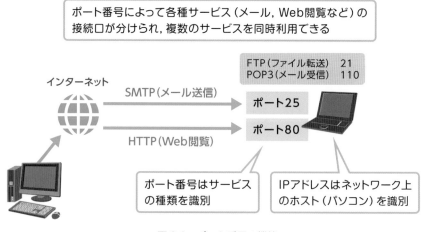

図 3.8　ポート番号の機能

3.5 IP アドレスとルーティング

3.5.1　ルーティングとは

　ルーティングとは，パケットを宛先となるホスト（パソコンなど）まで最適な経路 (route) を選択して転送することです。このルーティングは，「**ルータ (router)**」

という中継・転送装置と，経路情報を記録した「**ルーティングテーブル**」を用いて行われます。

ルーティングテーブルには，受信したパケットを，どのルータへ転送すべきかを決める宛先ルートの情報がIPアドレスによって記録されています。ルータは受信したパケットの宛先IPアドレスを確認し，自身のルーティングテーブルを参照してパケットを最適なルータへ転送します。

ルーティングテーブルのルート情報は，①直接接続ルート，②スタティックルート，③ダイナミックルートの3つの方法で作成されます。

① 直接接続ルート（directory connected route）

ルータが直接接続しているネットワークのルートです。

② スタティックルート（static route）

宛先ネットワークへの最適なルートをネットワーク管理者が手動で設定・更新するルートです。

③ ダイナミックルート（dynamic route）

ルータ同士が自動的にルート情報の交換を行うことで追加・更新されるルートです。

3.5.2 ルーティングの例

ルーティングテーブルはルータの他にパソコンにも設定されており，ルーティングテーブルには「**宛先ルート（route）**」，「**パケット転送先（next hop）**」，「**出力インタフェース（interface）**」などの情報が記録されています（図3.9）。なお，出力インタフェースとは受信パケットを宛先ネットワークに転送するための出口です。

ここでは，図3.9のネットワーク構成に基づいて，（1）送信先が同じネットワーク内のパソコンの場合と，（2）送信先が異なるネットワークのパソコンの場合のルーティングについて説明します。

（1）送信先が同じネットワーク内のパソコンの場合

　192.168.1.0/24のネットワーク内のIPアドレスが192.168.1.2の「PC1パソコン」から192.168.1.3の「PC2パソコン」にデータを転送する場合，2つのパソコンは同じネットワークとしてルータAに接続されているので，直接PC1からPC2へデータを転送します。なお，192.168.1.0/24の/24はサブネットマスク（3.3節参照）を意味しています。

（2）送信先が異なるネットワークのパソコンの場合

　192.168.1.0/24のネットワーク内のIPアドレスが192.168.1.2の「PC1パソコン」から**192.168.2.0/24**のネットワークに接続されている**192.168.2.2**の「**PC3**パソコン」にデータを送る場合は宛先が異なるネットワークになります。そのため，ルータ**A**のルーティングテーブルに基づいて，192.168.3.1の出力インタフェースから192.168.3.2（ルータB）を経由して，ルータBに直接接続されている**192.168.2.2**の「**PC3**パソコン」にデータを渡します。

　なお，ルータAとルータBは自動的にルート情報の交換を行っています。その情報交換によって，**192.168.2.0/24**のネットワークにデータを送信するには192.168.3.2（**ルータB**）を経由するという情報が「**ルータA**」のルーティングテーブルに，**192.168.1.0/24**のネットワークにデータを送信するには192.168.3.1（**ルータA**）を経由するという経路情報が「**ルータB**」のルーティングテーブルに，「ダイナミックルート」として自動的に追加されていく仕組みになっています。

　図3.9のルータAやルータBのように，所属するネットワークから外部のネットワークへ通信を行う場合の「出入り口」の役割を果たすゲートウェイのことを「**デフォルトゲートウェイ (default gateway)**」といいます。受け取ったパケットの宛先への経路が認識できないルータやパソコンは，とりあえずそのパケットをデフォルトゲートウェイ（ルータ）へ転送し，その後のルーティングはデフォルトゲートウェイに任せる仕組みになっています。

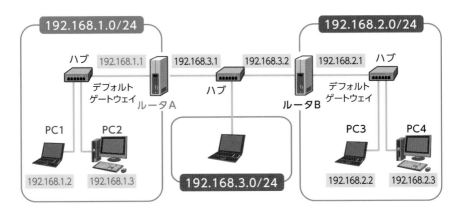

ルータAのルーティングテーブル

宛先	パケット転送先	出力インタフェース
192.168.1.0/24	直接接続	192.168.1.1
192.168.2.0/24	192.168.3.2(ルータB)	192.168.3.1
192.168.3.0/24	直接接続	192.168.3.1

ルータBのルーティングテーブル

宛先	パケット転送先	出力インタフェース
192.168.1.0/24	192.168.3.1(ルータA)	192.168.3.2
192.168.2.0/24	直接接続	192.168.2.1
192.168.3.0/24	直接接続	192.168.3.2

図 3.9　ルーティングの例

3.6 MACアドレス

3.6.1 MACアドレスとは

MACアドレスとは，Media Access Control address の略称で，パソコンなどネットワークに接続される機器に割り当てられる世界的に一意の識別子です。

MACアドレスは，IEEE（米国電気電子学会）がベンダ（販売会社）に対して割り当てた3バイトの「ベンダコード」と，ベンダ内の管理番号である3バイトの「ベンダ管理番号」から構成され，計6バイト（48ビット）を16進数で

表現します（図 3.10）。なお，MAC アドレスの前半部の 3 バイトの番号は「OUI (Organizationally Unique Identifier) 識別子」ともいいます。

00:0A:1C:12:46:CD

ベンダコード (OUI)　　　　　ベンダ管理番号

図 3.10　MAC アドレスの仕組み

3.6.2　MAC アドレスと IP アドレスの役割の違い

ルータは，ルーティングテーブルに基づいて，パケットのヘッダにつけられた MAC アドレスを次にパケットを渡すルータの MAC アドレスにつけ替えます。つまり，MAC アドレスはパケットを渡す「次の機器（ルータ）」を指定する役割を担います。一方，IP アドレスはパケットを渡す「最終送信先」の機器を指定する役割を担い，ルータの経由途中でパケットのヘッダの IP アドレスがつけ替わることはありません。

例として，図 3.11 は「東京駅」から「新宿駅」へパケットを運ぶ際の IP アドレスと MAC アドレスの変化を示しています。パケットにつけられた IP アドレスは最終送信先を示すので，「新宿」は最初のルータから最後のルータまで変化していません。一方，MAC アドレスは次のルータを指定するためルータ（駅）を越えるたびにつけ替えられていきます。

このように，それぞれのルータはパケットが到着してからそのパケットを渡す適切な次のルータをルーティングテーブルによって判断し，パケットのヘッダの MAC アドレスをつけ替えながら最終送信先までパケットを転送する仕組みになっています。

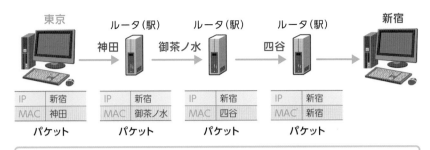

IPアドレスは最終送信先を指定するので到着地まで変わらない
MACアドレスは次の機器（ルータ）を指定するので途中のルータでつけ替えられる

図 3.11　IP アドレスと MAC アドレスの役割の違い

演習問題

問題 3.1

16 進数の A3 は 10 進数でいくらか。

（IT パスポート　平成 24 年 秋期 問 79）

（**ア**）103　　　（**イ**）153　　　（**ウ**）163　　　（**エ**）179

問題 3.2

PC に設定する IPv4 の IP アドレスの表記の例として，適切なものはどれか。

（IT パスポート　令和 2 年 秋期 問 75）

（**ア**）00.00.11.aa.bb.cc　　　　（**イ**）050-1234-5678

（**ウ**）10.123.45.67　　　　（**エ**）http://www.example.co.jp/

問題 3.3

ネットワークを構成するホストの IP アドレスとして用いることができるものはどれか。

（ネットワークスペシャリスト　令和 4 年 春期 午前 II 問 12）

（**ア**）127.16.10.255/8　　　　（**イ**）172.16.10.255/16

（**ウ**）192.168.255.255/24　　　　（**エ**）224.168.10.255/8

問題 3.4

サブネットマスクの役割として，適切なものはどれか。

（IT パスポート　令和 5 年 春期 問 97）

（**ア**）IP アドレスから，利用している LAN 上の MAC アドレスを導き出す。

（**イ**）IP アドレスの先頭から何ビットをネットワークアドレスに使用するかを定義する。

（**ウ**）コンピュータを LAN に接続するだけで，TCP/IP の設定情報を自動的に取得する。

（**エ**）通信相手のドメイン名と IP アドレスを対応づける。

問題 3.5

ネットワークアドレス 192.168.10.192/28 のサブネットにおけるブロードキャストアドレスはどれか。

（ネットワークスペシャリスト　令和 3 年 春期 午前Ⅱ 問 14）

（**ア**）192.168.10.199　　　（**イ**）192.168.10.207

（**ウ**）192.168.10.223　　　（**エ**）192.168.10.255

問題 3.6

IPv4 のネットワークアドレスが 192.168.16.40/29 のとき，適切なものはどれか。

（応用情報技術者　令和 4 年 秋期 午前 問 33）

（**ア**）192.168.16.48 は同一サブネットワーク内の IP アドレスである。

（**イ**）サブネットマスクは，255.255.255.240 である。

（**ウ**）使用可能なホストアドレスは最大 6 個である。

（**エ**）ホスト部は 29 ビットである。

問題 3.7

192.168.0.0/23（サブネットマスク 255.255.254.0）の IPv4 ネットワークにおいて，ホストとして使用できるアドレスの個数の上限はどれか。

（基本情報技術者　平成 31 年 春期 午前 問 32）

（**ア**）23　　　（**イ**）24　　　（**ウ**）254　　　（**エ**）510

問題 3.8

PCが, NAPT (IPマスカレード) 機能を有効にしているルータを経由してインターネットに接続されているとき, PCからインターネットに送出されるパケットのTCPとIPのヘッダのうち, ルータを経由する際に書き換えられるものはどれか。

（応用情報技術者　令和3年 秋期 午前 問33）

（ア）宛先のIPアドレスと宛先のポート番号

（イ）宛先のIPアドレスと送信元のIPアドレス

（ウ）送信元のポート番号と宛先のポート番号

（エ）送信元のポート番号と送信元のIPアドレス

問題 3.9

ネットワークを構成する機器であるルータがもつルーティング機能の説明として, 適切なものはどれか。

（ITパスポート　平成29年 秋期 問78）

（ア）会社が支給したモバイル端末に対して, システム設定や状態監視を集中して行う。

（イ）異なるネットワークを相互接続し, 最適な経路を選んでパケットの中継を行う。

（ウ）光ファイバと銅線ケーブルを接続し, 流れる信号を物理的に相互変換する。

（エ）ホスト名とIPアドレスの対応情報を管理し, 端末からの問合せに応答する。

問題 3.10

ルータがパケットの経路決定に用いる情報として, 最も適切なものはどれか。

（基本情報技術者　平成22年 秋期 午前 問36）

（ア）宛先IPアドレス　　　　（イ）宛先MACアドレス

（ウ）発信元IPアドレス　　　（エ）発信元MACアドレス

問題 3.11

MAC アドレスに関する記述のうち，適切なものはどれか。

(IT パスポート　平成 28 年 春期 問 68)

（**ア**）同じアドレスをもつ機器は世界中で 1 つしか存在しないように割り当てられる。

（**イ**）国別情報が含まれており，同じアドレスをもつ機器は各国に 1 つしか存在しないように割り当てられる。

（**ウ**）ネットワーク管理者によって割り当てられる。

（**エ**）プロバイダ (ISP) によって割り当てられる。

演習問題の解答・解説

問題 3.1 　　　　　　　　　　　　　　　　　　　　　正解 （ウ）

16進数を10進数に変換する方法は複数ありますが，ここでは16進数から2進数に変換した後に10進数に変換する方法を示します。最初に16進数のA3を2進数で表現すると，Aが1010，3が0011なので，次のように1010 0011となります。

$$A3_{(16)} \quad \rightarrow \quad 1010\ 0011_{(2)}$$

次に2進数1010 0011を10進数に変換すると163になり，（**ウ**）が正解になります。（3.1.3項参照）

問題 3.2 　　　　　　　　　　　　　　　　　　　　　正解 （ウ）

IPv4のIPアドレスは32ビット（32桁の2進数）の長さで構成され，8ビットずつ "."（ピリオド）で区切り，4つのオクテット（8ビット）をそれぞれ10進数で表記するので，（**ウ**）が正解になります。（3.2.2項参照）

問題 3.3 　　　　　　　　　　　　　　　　　　　　　正解 （イ）

（**ア**）127.16.10.255/8は，「ループバックアドレス（コンピュータ自身を示すIPアドレス）」として予約されている範囲 (127.0.0.1〜127.255.255.254) に入るので，ホストのIPアドレスとして用いることはできません。

（**イ**）172.16.10.255/16は，クラスBのプライベートIPアドレスの範囲 (172.16.0.0〜172.31.255.255) なので，ホストのIPアドレスとして使用できます。（正解）（3.2.3項参照）

（**ウ**）192.168.255.255/24では，次のようにホスト部（青線より右側の青字の8ビット）がすべて1（10進数で255）でブロードキャストアドレスとなるのでホストのIPアドレスとして用いることはできません。

192.168.255.255/24　　　　11000000.10101000.11111111.|11111111

（**エ**）224.168.10.255/8は「マルチキャスト（複数の宛先に同時にデータを

送信する)」を行う「クラス D」という特殊なアドレスなのでホストの IP アドレスとして用いることができません。なお，クラス D の最初の 4 ビットは識別のために 1110（青字部）とすることが決まっていることから 2 進数での範囲は次のビットの並びになります。なお，10 進表記での範囲は，224.0.0.0～239.255.255.255 です。

11100000.00000000.00000000.00000000 ～ 11101111.11111111.11111111.11111111

問題 3.4　　　　　　　　　　　　　　　　　　　　　**正解（イ）**

（**ア**）ARP (Address Resolution Protocol) の役割に関する記述です。

（**イ**）IP アドレスの先頭から何ビットをネットワークアドレスに使用するかを決めるのはサブネットマスクの役割です。（正解）（3.3 節参照）

（**ウ**）DHCP (Dynamic Host Configuration Protocol) の役割に関する記述です。

（**エ**）DNS (Domain Name System) の役割に関する記述です。

問題 3.5　　　　　　　　　　　　　　　　　　　　　**正解（イ）**

ブロードキャストアドレスとは，あるネットワークに接続されたすべてのホストを対象に同時にデータ送信する予約済みのアドレスです。ブロードキャストアドレスは，ホストアドレス（部）がすべて 1（イチ）に決められています。（3.2.2 項参照）

設問の 192.168.10.192/28 の「/28」は「プレフィックス」といい，サブネットマスク（2 進表記）の先頭から 1 が 28 ビット連続し（ビットの並びの先頭から青線までの 28 ビットがネットワークアドレス），残りの 4 ビット（青線より右側）がホストアドレスになることを示しています。（3.3.3 項参照）

サブネットマスク　11111111 11111111 11111111 11110000

この設問の解き方として，最初に設問のネットワークアドレス 192.168.10.192 を 2 進表記すると，次のビットの並びになります（青線より右側の 4 ビットの青字部はホストアドレス）。

192.168.10.192 の 2 進表記　11000000 10100000 00001010 11000000

　次に，ホストアドレス（部）である4ビット（青線より右側の青字部）をすべて1にするとブロードキャストアドレスになります。

　　ブロードキャストアドレス　　　11000000 10100000 00001010 1100|1111

　最後に，2進表記のブロードキャストアドレスを10進表記すると，192.168.10.207となり「イ」が正解になります。

問題 3.6　　　　　　　　　　　　　　　　　　　　　　　正解 （ウ）

　設問の192.168.16.40/29の「/29」のプレフィックスは，IPアドレス（2進表記）の上位29ビットがネットワークアドレス，最後の3ビットがホストアドレスであることを示します。（3.3.3項参照）

　（ア）設問のIPアドレス192.168.16.40とIPアドレス192.168.16.48を2進数で表記して比較すると，次のようにネットワークアドレス（青線より左側の29ビット）のビットの並びが違うので2つのIPアドレスはそれぞれ異なるサブネットに属することになります。

　　192.168.16.40　　　11000000. 10101000. 00010000. 00101|000
　　192.168.16.48　　　11000000. 10101000. 00010000. 00110|000

　（イ）設問の「/29」は，次のサブネットマスク（2進表記）であることを示しています。

　　11111111.11111111.11111111.11111000

　この2進数を10進表記すると，サブネットマスクは255.255.255.248となり，設問の255.255.255.240とは異なります。

　（ウ）設問の「/29」より，ホストアドレスは次の青字部（青線より右側）の3ビットとなり，2の3乗の8からネットワークアドレス（ホストアドレス部の3ビットがすべて0）とブロードキャストアドレス（ホストアドレス部の3ビットがすべて1）の2つを除いた6個が使用可能なホストアドレスになります。（正解）

　　192.168.16.40　　　11000000. 10101000. 00010000. 00101|000

　（エ）IPアドレス（32ビット）のうち，設問の「/29」よりネットワークアドレス部は29ビットなので，ホストアドレス部は29ビットではなく3ビットになります。

問題 3.7　　　　　　　　　　　　　　　　　　　　　　　　正解（エ）

設問の 192.168.0.0/23 を 2 進表記すると，次の青線より右側の 9 ビットがホストアドレスになるので，2 の 9 乗 (512) からネットワークアドレスとブロードキャストアドレスを除いた 510 個が使用可能なホストアドレスになります。したがって，（エ）が正解です。

192.168.0.0	11000000.10101000.0000000│0.00000000
255.255.254.0	11111111.11111111.1111111│0.00000000

問題 3.8　　　　　　　　　　　　　　　　　　　　　　　　正解（エ）

NAPT（Network Address Port Translation：ナプト）では，送信元の IP アドレスのつけ替えに加えてパケットに設定されているポート番号もつけ替えるので，（エ）が正解になります。なお，NAPT は「IP マスカレード」ともいいます。(3.4.2 項参照)

問題 3.9　　　　　　　　　　　　　　　　　　　　　　　　正解（イ）

（ア）会社などでモバイル端末（スマートフォンやタブレットなど）を一元的に監視・管理し，セキュリティを維持・強化するためのソフトウェアである「MDM (Mobile Device Management)」の機能に関する記述です。

（イ）ルーティングの機能は，異なるネットワークを相互接続してパケットを宛先となるホスト（パソコンなど）まで最適な経路 (route) を選択して転送することです。（正解）(3.5.1 項参照)

（ウ）異なる媒体（例えば，光ファイバーと銅線）を接続して信号を物理的に相互変換する「メディアコンバータ (media converter)」という装置の機能に関する記述です。

（エ）ホスト名（ドメイン名）を IP アドレスに変換するプロトコルである「DNS (Domain Name System)」の機能に関する記述です。

問題 3.10　　　　　　　　　　　　　　　　　　　　　**正解**（ア）

　ルータはパケットのヘッダ情報につけられた宛先IPアドレスを確認し，そのルータのルーティングテーブルと照合して最適なインタフェースからパケットを送出して経路を決定するので，（**ア**）が正解になります。なお，MACアドレスは次にパケットを送出する「ルータ」を指し示すために使用されます。（3.5節参照）

問題 3.11　　　　　　　　　　　　　　　　　　　　　**正解**（ア）

　（**ア**）MACアドレスはMedia Access Control addressの略称で，パソコンなどネットワークに接続される機器に割り当てられる世界的に一意の識別子です。（正解）（3.6.1項参照）

　（**イ**）MACアドレスに国別の情報は含まれていません。

　（**ウ**）と（**エ**）MACアドレスは，ベンダ（販売会社）に対して割り当てた3バイトの「**ベンダコード**」とベンダ内の管理番号である3バイトの「**ベンダ管理番号**」から構成（計6バイト）されます。ベンダコードは，ネットワーク管理者やプロバイダではなくIEEE（米国電気電子学会）が割り当てます。

第4章 IoTと ネットワーク技術

この章では，様々なモノがインターネットにつながる IoT の概念や仕組み と IoT システムの機能や役割について学習します。

4.1 IoTとは

近年の通信技術の進歩や機械学習などの AI 技術の発展によって，「IoT (Internet of Things)」という新しいネットワークの仕組みが構築されています。 IoT では，家電製品，自動車，工場機械，交通システム，医療機器など，従来イン ターネットに接続されていなかった装置を「モノ」として相互に接続し，インター ネットを経由して 24 時間体制でのデータの取得，フィードバッグや制御操作を行 います（図 4.1）。

IoT によってモノ同士がインターネットを通して連携したり，モノにセンサーや カメラを取りつけることでモノの状態（データ）をリアルタイムに収集したり，モ ノを制御・操作したりすることが可能になります。

IoT の具体的な事例として，自動車や遠隔地にある工場ロボットをスマート フォンの操作で稼働・制御させたりすることも可能になります。また，身近な例と して外出先からスマートフォンを使って自宅のエアコンの電源を入れたり，指定 する温度でお風呂にお湯を入れたりするサービスも提供できます。

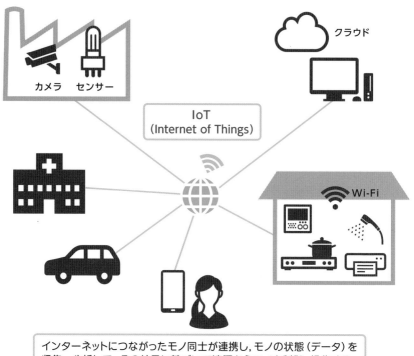

カメラ　センサー

クラウド

IoT
(Internet of Things)

Wi-Fi

インターネットにつながったモノ同士が連携し，モノの状態（データ）を
収集・分析して，その結果に基づいて遠隔からモノを制御・操作する

図4.1　様々なモノがインターネットでつながるIoT

　さらにIoTで接続された装置を利用して収集した大量データ（ビッグデータ）
をAIの機械学習の1つである「ディープラーニング（深層学習）」で分析するこ
とでデータの特性や傾向を表やグラフで可視化したり，これまでは見過ごされて
発見できなかった新しい価値の創造を実現したりすることが期待されています。
なお，ディープラーニングとはコンピュータが自動的にビッグデータを解析して
データの特徴を抽出するAIの技術です。

4.2 IoTの仕組み

IoTは,「モノ」に該当する「**IoTデバイス**」と,データ処理を行う「**クラウド (IoTサーバ)**」から構成される仕組みになっています(図4.2)。IoTデバイスには,例えば温度や湿度,光,圧力,磁気,赤外線などを検出してIoTサーバに送信する「**センサー**」と,そのセンサーから送信されたデータの分析結果に基づいて制御命令を出すことで,電気,油圧・空気圧などによって機器を動かす駆動装置である「**アクチュエータ (actuator)**」が動作します。なお,actuatorには「作動させるもの」という意味があります。

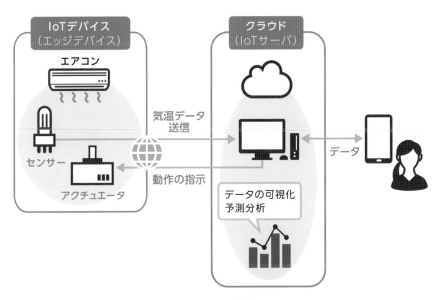

図4.2 IoTの仕組み

図4.2のそれぞれの装置の役割を見てみると,IoTデバイスのセンサーが気温を計測し,そのデータをインターネット経由でIoTサーバに送信してサーバの記憶装置に蓄積します。次に,IoTサーバのアプリケーション(ソフトウェア)を使ったデータ解析によって気温データを表やグラフで可視化したり,データに基づいた予測分析を行ったりすることが可能になります。さらに,その解析結果に基づ

いて動作を行うアクチュエータを遠隔から制御命令によって操作したり，スマートフォンなども連携させたりして様々な制御を行うことができます。なお，スマートフォンやセンサーのようなIoTのネットワークの先端部分 (edge) に設置され，データを収集してクラウドに送信する装置を「**エッジデバイス**」といいます。

4.3 IoTの事例

　具体的なIoTシステムの事例として，IoTデバイスが計測した外気温に基づいて遠隔から窓の開閉を行うシステムを取り上げます。

　図4.3に示した窓の開閉を行うIoTシステムの事例では，IoTデバイスのセンサーは収集した気温データをインターネット経由でIoTサーバに送り，サーバはそのデータを記憶装置に蓄積して分析を行います。そして，その分析結果に基づいた制御信号をアクチュエータへ伝達し，その信号を受け取ったアクチュエータは指示に従って機器や装置を制御（窓を開閉する動作）する仕組みになります。

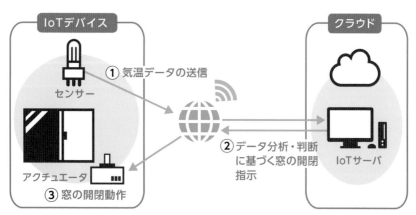

① IoTデバイスから送られてくる気温データをIoTサーバへ送信 → センサーの役割
② データ分析に基づいた窓の開閉指示をIoTデバイスに送信 → IoTサーバの役割
③ 窓を開閉する動作 → アクチュエータの役割

図 4.3　窓の開閉を行う IoT システムの事例

4.4 IoTゲートウェイ

センサーやカメラのようなIoTデバイスとIoTサーバの間のデータ通信の中継を行うのが「IoTゲートウェイ」という装置です。IoTゲートウェイはルータのような機能をもち，IoTデバイスをインターネットなどに接続するための装置です。

センサーやカメラなどのIoTデバイスは，デバイスの形状が大きくなったり，消費電力が増えてしまったりしないように，一般的にはインターネットに直接接続する機能を搭載しておらず，デバイス単独ではデータの送受信はできません。この問題に対応するのがIoTゲートウェイです。

IoTゲートウェイは，それぞれのIoTデバイスが取得したデータを収集してから送信先を振り分けてデータをクラウドへ送り，クラウドから送られてきたデータやフィードバッグする指示はIoTゲートウェイを経由してデバイスへ送ります。このように，IoTゲートウェイで中継することでデバイスは独自でインターネットへの接続機能をもたなくてもインターネット経由でのデータ通信が可能になります。

具体的には，図4.4に示したようにIoTデバイスとクラウド（IoTサーバ）の間にIoTゲートウェイを設置することで，IoTデバイスからWi-FiやBluetoothを介して受け取ったデータを一時的にIoTゲートウェイで蓄積してからクラウドへ送受信することが可能になります。この仕組みによって，IoTシステム全体のネットワークの効率化を図ることができます。

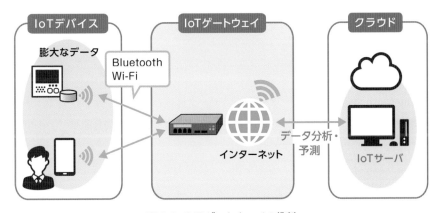

図4.4　IoTゲートウェイの役割

4.5 IoT向けの代表的な無線通信技術

IoT システムの通信は，デバイスからゲートウェイまでの通信とゲートウェイからクラウドへの通信で構成されます（図4.5）。

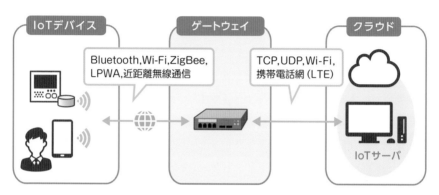

図 4.5 IoT デバイスからゲートウェイまでとゲートウェイから IoT サーバへの通信の技術

4.5.1 IoT デバイスからゲートウェイの間の無線通信技術

IoT システムでは，センサーのように IoT デバイス自身はインターネットへの接続機能をもっていないのが一般的です。そこで，Bluetooth（ブルートゥース）や Wi-Fi（ワイファイ），ZigBee（ジグビー），LPWA（エル・ピー・ダブリュ・エー），近距離無線通信などの消費電力の少ない通信方式を採用してデータの送受信を行います。

（1）Bluetooth

Bluetooth は近距離でデジタル機器のデータ通信を行う無線通信技術で，国際標準規格の１つであることから異なるメーカ同士の機器の接続も簡単で，小型で安価な機器という利点もあります。

Bluetooth は 2.4 GHz 帯の電波を使い，省電力での接続も可能であることからスマートフォンやパソコンによるデータ通信を中心に普及しています。なお，通信距離は数 m から数十 m 程度で，特に短い距離の通信で使用される通信方式です。

（2）Wi-Fi

Wi-Fi は，スマートフォンなどと Wi-Fi ルータとを相互に接続する規格の名称です。Wi-Fi という名前の由来は諸説ありますが，一般的には「Wireless Fidelity（ワイヤレス フィデリティ）」の略称といわれています。

Wi-Fi の機能は常に進化しており，その通信速度は 2019 年に認証が始まった IEEE 802.11ax では 2.4 GHz 帯と 5 GHz 帯の電波を使って最高 9.6 Gbps の速度での通信が可能になり，第 6 世代の Wi-Fi 規格 (Wi-Fi 6) となっています。

（3）ZigBee

ZigBee は短距離無線通信規格として 2004 年に標準化団体「ZigBee Alliance（ジグビー・アライアンス）」により策定され，2.4 GHz 帯の電波を用います。ZigBee という名称は，ミツバチ (bee) がジグザグ (zig) に飛びまわる様子から名づけられています。

ZigBee の最大の特徴は，1 つの ZigBee ネットワークには最大で 65,536 個の ZigBee 端末を接続することができることです。また，Bluetooth よりも消費電力が少なく，短距離間を高速・省電力で通信できる技術として IoT システムで幅広く活用されています。

（4）LPWA

LPWA (Low Power Wide Area) とは，その名称が示すとおり低消費電力で広範囲の長距離通信が可能な方式です。一般的には，900 MHz 帯の電波を使います。

特に電源確保が難しい山間部などでも電池だけで長期間の使用が可能で IoT に適した無線通信方式といえます。また Bluetooth や Wi-Fi の通信距離は 10 m 〜数 100 m 程度であるのに対して LPWA は 10 km を超える長距離のデータ通信が可能なことを特徴としています。

（5）近距離無線通信

近距離無線通信 (NFC：Near Field Communication) とは，数センチほどに近づけるだけでデータ通信が可能となる技術です。NFC は，例えば Google Pay など

スマートフォンを専用リーダに近づけるだけで料金の支払いができるシステムで使用される規格で, Suica や PASMO などの IC カードの乗車券にも使われています。

Bluetooth, Wi-Fi, ZigBee, LPWA, 近距離無線通信 (NFC) の一般的な仕様の比較を表4.1 に示します。

表 4.1 IoT 向けの無線通信方式の仕様の比較

通信方式	周波数	通信距離
Bluetooth	2.4 GHz 帯	100 m 以内
Wi-Fi	2.4 GHz 帯／5 GHz 帯	100 m 以内
ZigBee	2.4 GHz 帯	100 m 以内
LPWA	900 MHz 帯	10 km 以上
近距離無線通信 (NFC)	13.56 MHz	10 cm 程度

4.5.2 ゲートウェイとサーバの間の無線通信技術

ゲートウェイとサーバ間のデータ通信では, インターネットの標準的なプロトコルの TCP や UDP, Wi-Fi, 「携帯電話網 (LTE)」などを使用します。

携帯電話網の LTE (Long Term Evolution) は長期的進化を意味し, スマートフォンや携帯電話を対象とした第3.9 世代携帯電話の無線通信規格のことです。携帯電話網は 3G や 4G のように「数字と G」で表現され, G は Generation の略称で「世代」を意味しています。

次に携帯電話網の第1世代から第5世代までの特徴を概観します。

(1) 第1世代 (1G)・第2世代 (2G)

第1世代 (1G) は, 1980 年代に使われた自動車電話や 1985 年頃に発売された重さ約3 kg の肩掛け式の移動電話で採用されていました。

1990 年から 2000 年頃の第2世代 (2G) では, データを0と1のデジタルデータに変換して伝送する「デジタル方式」を採用した通信規格になり, この頃からインターネットやメールの利用が始まりました。

（2）第 3 世代（3G）・第 4 世代（4G）

　2000 年代から 2010 年代の第 3 世代（3G）や第 4 世代（4G）になると，スマートフォンへの対応が始まり，特に 4G の方式は「LTE」と呼ばれて最大通信速度は 1 Gbps，同時接続数が 1 平方 km あたり 10 万台，遅延速度は 10 ms（ミリセカンド）となりました。なお，遅延速度とはネットワークにおいてデータが送信側から受信側に届くまでの時間のことで，「1 ms」は 1000 分の 1 秒です。

（3）第 5 世代（5G）

　2020 年 3 月からは第 5 世代（5G）の通信サービスが始まり，表 4.2 のように高速大容量通信，大量の同時接続数，低遅延の 3 つの機能が実現されています。5G の最大通信速度は 20 Gbps（4G の 20 倍）で，例えば 2 時間の映画のダウンロードで比較すると 4G で約 5 分，5G では約 3 秒となります。また，5G の同時接続数は 1 平方 km あたり 100 万台（4G の 10 倍），さらに遅延速度は 1 ms（4G の 10 分の 1）になって，タイムラグ（遅延）を意識しない通信が可能になります。

　高速大容量通信，同時多接続，低遅延の 3 つの機能を備えた 5G が IoT システムで活用されることで，リアルタイムの判断や制御が可能となり，例えば自動車の自動運転，遠隔地からの工場のロボット操作や病院の医療機器を操作した手術など，様々な分野での実用性の向上が期待されています。

　また，100 万台の同時接続が可能な 5G のような通信を IoT で活用することで，生活の中のすべての家電製品を IoT で接続してスマートフォンで制御する「スマートホーム」を実現するなど，ますます便利な社会の到来が期待されています。

表 4.2　4G と 5G の仕様の比較

年代	世代	最大通信速度	同時接続数 （1 平方 km あたり）	遅延速度
2010 年代	4G 第 4 世代	1 GBps	10 万台	10 ms
2020 年代	5G 第 5 世代	20 Gbps （4G の 20 倍）	100 万台 （4G の 10 倍）	1 ms （4G の 10 分の 1）

4.6 IoTシステムで使用される通信プロトコル

IoT システムで使用される代表的なプロトコルとして，HTTP（暗号化通信は HTTPS），「CoAP（コープ）」，「MQTT（エムキューティティ）」があります。

HTTP (HyperText Transfer Protocol) は，主にWeb サービスで使われる大量のデータのやり取りを特徴とするプロトコルです。HTTP では，例えばクライアントからサーバに処理を要求（リクエスト）した際にサーバからのレスポンスを待機します。つまり，HTTP はリクエストの順番とレスポンスの順番を同期させる「同期プロトコル」という種類で，リアルタイム性には欠けるプロトコルに位置づけられます。

IoTシステムでは，特にリアルタイム性が重要であることから処理が完了したデータから順にレスポンスを待たないで送受信できる「非同期プロトコル」が望ましく，その種のIoT向きの代表的なプロトコルとして「CoAP」と「MQTT」があります。

（1）CoAP

CoAP とは Constrained Application Protocol の略称で，IoT デバイス間の通信に使用されます。CoAP は通信の信頼性よりも通信速度を重視する UDP プロトコル（2.3 節参照）で動作することからリアルタイム性を確保でき，IoT システムで多用されるプロトコルです。

一方で CoAP は，リアルタイム性を重視するためにセキュリティを抑えたモードで使用され，外部からの攻撃に弱いというセキュリティ面での欠点があります。そのため CoAP は，インターネットに直接的にはつながらないネットワークでの使用が推奨されています。

（2）MQTT

MQTT とは Message Queue Telemetry Transport の略称で，多数のセンサーなどのデバイスの間で小さなデータを頻繁に送受信することを想定して作られ，非同期に1対多の通信も可能です。また，Web 情報をやり取りする HTTP 通信と比べて，データのヘッダサイズが小さくデータ量も少ないことから消費電力も軽減され，IoT に適した通信方式といえます。

　MQTT は「パブリッシュ／サブスクライブ (publish ／ subscribe) 型」という
メッセージ交換方式を採用しています。この方式は，メッセージ（データ）を受信
するプログラム（パブリッシャー：publisher），パブリッシャーからメッセージを
受け取ってサブスクライバーに配信・仲介するサーバ（ブローカー：broker），メッ
セージを受信（購読）するプログラム（サブスクライバー：subscriber）の 3 つ
の機能で構成され，非同期・低消費電力での通信を可能にします（図 4.6）。なお，
メッセージの種類（主題）は例えば「技術／ネットワーク」のように「／（スラッ
シュ）」を連結する「トピック」をつけて階層的に識別します。

　MQTT による通信の事例として，パブリッシャー（IoT デバイスのセンサー）
が計測した気温データを軽量なメッセージ形式でブローカー（サーバ）に送信し，
ブローカーは仲介役として気温データを欲しているサブスクライバーに配信する
仕組みを実現できます。

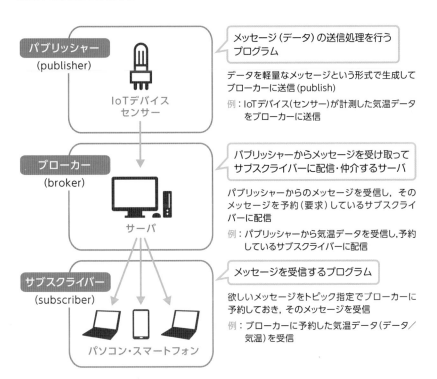

図 4.6　パブリッシュ／サブスクライブ型モデルの仕組み

演習問題

問題 4.1

IoT に関する記述として，最も適切なものはどれか。

（IT パスポート　令和元年 秋期 問 13）

（**ア**）人工知能における学習の仕組み

（**イ**）センサーを搭載した機器や制御装置などが直接インターネットにつながり，それらがネットワークを通じて様々な情報をやり取りする仕組み

（**ウ**）ソフトウェアの機能の一部を，ほかのプログラムで利用できるように公開する関数や手続きの集まり

（**エ**）ソフトウェアのロボットを利用して，定型的な仕事を効率化するツール

問題 4.2

IoT に関する事例として，最も適切なものはどれか。

（IT パスポート　令和 2 年 秋期 問 10）

（**ア**）インターネット上に自分のプロファイルを公開し，コミュニケーションの輪を広げる。

（**イ**）インターネット上の店舗や通信販売の Web サイトにおいて，ある商品を検索すると，類似商品の広告が表示される。

（**ウ**）学校などにおける授業や講義をあらかじめ録画し，インターネットで配信する。

（**エ**）発電設備の運転状況をインターネット経由で遠隔監視し，発電設備の性能管理，不具合の予兆検知および補修対応に役立てる。

問題 4.3

IoT (Internet of Things) の実用例として，適切でないものはどれか。

（基本情報技術者　平成 30 年 春期 午前 問 71）

(**ア**) インターネットにおけるセキュリティの問題を回避する目的で，サーバに
接続せず，単独でファイルの管理，演算処理，印刷処理などの作業を行う
コンピュータ

(**イ**) 大型の機械などにセンサーと通信機能を内蔵して，稼働状況，故障箇所，
交換が必要な部品などを，製造元がインターネットを介してリアルタイム
に把握できるシステム

(**ウ**) 検針員に代わって，電力会社と通信して電力使用量を送信する電力メータ

(**エ**) 自動車同士および自動車と路側機が通信することによって，自動車の位置
情報をリアルタイムに収集して，渋滞情報を配信するシステム

問題 4.4

IoT デバイスと IoT サーバで構成され，IoT デバイスが計測した外気温を IoT
サーバへ送り，IoT サーバからの指示で窓を開閉するシステムがある。このシ
ステムの IoT デバイスに搭載されて，窓を開閉する役割をもつものはどれか。

(IT パスポート　令和 3 年 春期 問 72)

(**ア**) アクチュエータ 　　　　　(**イ**) エッジコンピューティング

(**ウ**) キャリアアグリゲーション 　　(**エ**) センサー

問題 4.5

ZigBee の説明として，適切なものはどれか。

(応用情報技術者　平成 31 年 春期 午前 問 11)

(**ア**) 携帯電話などのモバイル端末とヘッドセットなどの周辺機器とを接続する
ための近距離の無線通信として使われる。

(**イ**) 赤外線を利用して実現される無線通信であり，テレビ，エアコンなどのリ
モコンに使われる。

(**ウ**) 低消費電力で低速の通信を行い，センサーネットワークなどに使われる。

(**エ**) 連絡用，業務用などに利用される小型の携帯型トランシーバに使われる。

問題 4.6

IoT で利用される通信プロトコルであり，パブリッシュ／サブスクライブ
(Publish/Subscribe) 型のモデルを採用しているものはどれか。

（ネットワークスペシャリスト　令和 3 年 春期 午前 II 問 12）

（**ア**）6LoWPAN　　　　（**イ**）BLE　　　（**ウ**）MQTT　　　（**エ**）Wi-SUN

問題 4.7

LTE よりも通信速度が高速なだけではなく，より多くの端末が接続でき，通信
の遅延も少ないという特徴をもつ移動通信システムはどれか。

（IT パスポート　平成 31 年 春期 問 73）

（**ア**）ブロックチェーン　　（**イ**）MVNO　　　（**ウ**）8K　　　　（**エ**）5G

演習問題の解答・解説

問題 4.1 正解 （イ）

（**ア**）IoT では機械学習など人工知能の技術を活用することはありますが，学習の仕組みは関係ありません。

（**イ**）IoT とは，モノ（センサーを搭載した機器や制御装置など）同士がインターネットを通して連携して情報をやり取りすることで，モノを制御・操作することが可能になります。（正解）（4.1 節参照）

（**ウ**）ソフトウェアなどの一部の機能を公開することで，ソフトウェアと機能を共有できるようにする「API (Application Programming Interface)」に関する記述です。

（**エ**）ソフトウェアのロボットを利用して定型的な仕事を効率化するツールである「RPA (Robotic Process Automation)」に関する記述です。

問題 4.2 正解 （エ）

モノ同士がインターネットを通して連携する IoT の具体的な事例として，自動車や遠隔地にある工場ロボットなどの設備をインターネット経由で監視したり，遠隔操作により稼働・制御させたりすることがあります。（4.1 節参照）

（**ア**）SNS に関する記述です。

（**イ**）利用者が検索エンジンで検索したキーワードに連動して表示される広告である「検索連動型の広告」に関する記述です。

（**ウ**）インターネットを利用した学習形態である「e ラーニング」に関する記述です。

（**エ**）発電設備の運転状況をインターネット経由で遠隔監視，予兆検知，補修対応など IoT の機能の事例が説明されています。（正解）

問題 4.3 正解 （ア）

（**ア**）「サーバに接続しない」，「単独でファイルの管理，演算処理，印刷処理などの作業を行う」などの記述があり，これらは IoT の実用例の説明として適切ではありません。IoT では，従来インターネット接続されていなかった装

置を「モノ」として相互に接続し，インターネットに接続されたサーバを活用
して，データの取得やフィードバッグ，制御操作などの処理を行います。（正解）
（4.1 節参照）

（**イ**）から（**エ**）IoT のシステムに関する記述です。

問題 4.4　　　　　　　　　　　　　　　　　　　　　　　　**正解**（**ア**）

（**ア**）アクチュエータ (actuator) は，電気，油圧・空気圧などによって機器を
動作（例えば，窓の開閉）させる駆動装置です。（正解）（4.2 節参照）

（**イ**）エッジコンピューティング (edge computing) とは，センサーなどの
IoT デバイスの近くにデータ分析を行うサーバを設置したり，デバイスそのも
のにデータ処理能力をもたせたりして，ネットワークの端（エッジ）でデータ
を処理する技法です。

（**ウ**）キャリアアグリゲーション (carrier aggregation) とは，複数の周波数帯
を同時に使用して高速無線通信を実現する技術です。

（**エ**）センサーは，温度・湿度センサー，圧力センサー，光センサーなど測
定した情報をデジタル情報などに変換する装置です。

問題 4.5　　　　　　　　　　　　　　　　　　　　　　　　**正解**（**ウ**）

（**ア**）Bluetooth の説明です。

（**イ**）ZigBee は，赤外線ではなく電波を使用します。

（**ウ**）ZigBee は，電源と無線通信の機能を搭載した複数のセンサーを相互に
接続・連携する「センサーネットワーク」に使われます。（正解）（4.5.1 項参照）

（**エ**）ZigBee は短距離間を高速・省電力で通信できる技術で，トランシーバ
には使用されません。

問題 4.6　　　　　　　　　　　　　　　　　　　　　　　　**正解**（**ウ**）

（**ア**）6LoWPAN (IPv6 over Low-power Wireless Personal Area Networks：シッ
クスローパン）とは，低消費電力で低速の IPv6 ネットワークのことで，パブ
リッシュ／サブスクライブのモデルは採用していません。

（**イ**）BLE (Bluetooth Low Energy) とは，Bluetooth の拡張仕様の 1 つで低消
費電力の通信モデルのことで，パブリッシュ／サブスクライブのモデルは採用

していません。

（**ウ**）MQTT は，通信速度よりも通信の信頼性を重視する TCP（2.3 節参照）で動作するパブリッシュ／サブスクライブのモデルを採用しています。（正解）（4.6 節参照）

（**エ**）Wi-SUN（Wireless Smart Utility Network：ワイサン）は，920 MHz 帯（特定小電力無線）を使用する「LPWA (Low Power Wide Area)」という低消費電力で長距離のデータ通信が可能な無線通信技術で，パブリッシュ／サブスクライブのモデルは採用していません。

問題 4.7 　　　　　　　　　　　　　　　　　　　　　　　　　**正解**（**エ**）

（**ア**）ブロックチェーンとは，暗号技術を用いて取引の履歴をチェーン（鎖）のようにつなげて記録し，改ざんができないようにデータを保存する技術です。

（**イ**）MVNO（Mobile Virtual Network Operator：エムブイエヌオー）とは，無線通信回線設備を自社でもっている企業から通信回線の一部を借り，独自の通信サービスを提供している仮想移動体通信事業者のことです。

（**ウ**）8K（K は 1000 の単位「キロ」）とは，8 千の画素数をもった超高画質の次世代映像の規格です。

（**エ**）5G では高速大容量通信，大量の同時接続数，低遅延の 3 つの機能が実現されています。（正解）（4.5.2 項参照）

第5章 情報セキュリティの技術

この章では，情報セキュリティの定義を概観し，暗号化と復号の技術を理解したうえで，ファイアウォールなどのネットワーク機器を利用したセキュリティ技術について学習します。

5.1 情報セキュリティとは

情報セキュリティとは，「情報が漏えいしたり，改ざんされたりしないようにする」ことで，「機密性 (Confidentiality)」，「完全性 (Integrity)」，「可用性 (Availability)」の3つの要素（条件）を維持することが必要になります（表5.1）。なお，3つの要素は頭文字をとって「CIA」といいます。

機密性とは，許可された正当な利用者しか，情報の閲覧，更新，削除ができない仕組みを設定して，情報漏えいが発生しないように情報を保護・管理することです。完全性とは，情報の改ざんや削除などが行われておらず，情報を正確で最新の状態にする仕組みのことです。可用性とは，利用者が情報を必要とするときはいつでも使える状態にする仕組みのことで，情報へのアクセスや使用の中断が発生しないように対処することです。

表 5.1　情報セキュリティの CIA

要素	内容
機密性	許可された正当な利用者しか，情報の閲覧，更新，削除ができない仕組み
完全性	情報の改ざんや削除などが行われておらず，情報を正確で最新の状態にする仕組み
可用性	利用者が情報を必要とするときは，いつでも使える状態にする仕組み

5.2 暗号化と復号

　不特定多数の利用者が使用するインターネット上でデータのやり取りを行うに
は，第三者がデータを盗み見たり，改ざんされたりしないように，データを「**暗号
化 (encryption)**」して送信し，受信した際にそのデータの「**復号 (decryption)**」
を行います。なお，暗号化は元に戻すこともできる「**可逆変換**」になります。

　暗号化する前のデータを「**平文（ひらぶん）**」，暗号化された文を「**暗号文**」と
いい，平文を暗号文に変換することが暗号化，暗号文を平文に戻すことが復号に
なります。そして，暗号化や復号は，「**暗号化・復号化アルゴリズム**」と「**暗号鍵**」
を使って行われます（図 5.1）。暗号化アルゴリズムとは暗号化する際の規則のこ
とで，例えば「ABC」を暗号化して「BCD」に変換した場合は「アルファベット
順に1つ後にずらす」というルールが暗号化アルゴリズムに相当します。

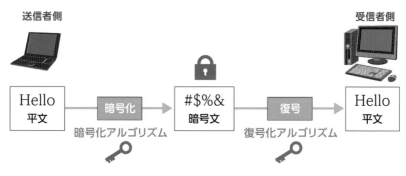

図 5.1　暗号化と復号

　暗号化の代表的な方式として「**共通鍵暗号方式**」と「**公開鍵暗号方式**」の2種
類があります。

5.2.1　共通鍵暗号方式

　共通鍵暗号方式では，暗号化と復号に同じ鍵を使用します（図 5.2）。共通鍵暗
号方式の鍵は送信者と受信者で秘密にしておくことから「**秘密鍵暗号方式**」とも
いわれます。なお，共通鍵暗号方式では相手ごとに共通鍵を作るため負担はかか

りますが，送信者と受信者が同じ鍵を使用するため効率よく暗号化と復号に対応できる利点もあります。

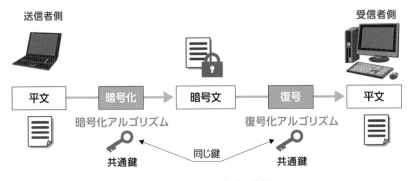

図 5.2　共通鍵暗号方式の仕組み

　暗号鍵の長さ（桁数）のことを「鍵長（かぎちょう）」といい，その長さは bit（ビット）で表現されます。暗号化のアルゴリズムが同じである場合，鍵長が長ければ長いほど鍵の種類は多くなって暗号文の解読はより難しくなります。例えば，鍵長が 16 ビットの場合は鍵の種類は 2 の 16 乗から 65,536 種類，32 ビットの場合は 2 の 32 乗＝ 4,294,967,296（約 43 億）の種類になります。実際には，鍵長は 1,024 ビットのような大きな値が使用されます。

　無線 LAN などに使われる共通鍵暗号方式のアルゴリズムの 1 つに「AES (Advanced Encryption Standard)」があります。AES は日本語に訳すと「高度暗号化標準」で，2000 年にアメリカ連邦政府の標準規格として採用されています。

　AES 以前の共通鍵暗号方式として，IBM が開発して 1977 年に NIST（National Institute of Standards and Technology：米国標準技術研究所）が標準暗号として標準化した「DES (Data Encryption Standard)」という方式が使われていました。しかし，DES の鍵長が 56 ビットと短く安全性が低かったことから DES に代わる方式として現状では AES が採用されています。AES は，その鍵長は可変で 128，192，256 のビットから選ぶことができ，平文を特定の長さ（ブロック）単位に分割して暗号化を行う「ブロック暗号」を特徴としています。なお，ビット単位で暗号化を行う方式を「ストリーム暗号」といいます。

　一般的に AES は，無線 LAN，クレジットカードや IC カードなどの通信データの暗号化に用いられ，一定期間で鍵を変更する仕組みを採用してより安全性を高めています。

5.2.2　公開鍵暗号方式

　公開鍵暗号方式では，暗号化と復号に別々の異なる鍵を使います。暗号化に使用する鍵は「公開鍵」といい，復号に使用する鍵は「秘密鍵」といいます。なお，公開鍵と秘密鍵は「鍵ペア」といい，必ずペアで存在しています。

　公開鍵暗号方式では，受信者側で公開鍵と秘密鍵を作成して公開鍵だけを送信者側の暗号鍵として渡します。そして，送信者側は公開鍵で平文を暗号化したデータを受信者に送信して，受信者は公開しない秘密鍵で平文に復号する仕組みになっています（図 5.3）。

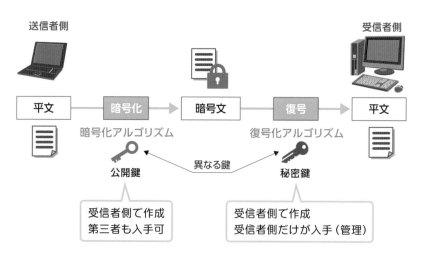

図 5.3　公開鍵暗号方式の仕組み

5.3 ネットワークにおけるセキュリティ技術

5.3.1 無線通信 (Wi-Fi) のセキュリティ技術

代表的な無線通信技術である Wi-Fi は誰にでも導入しやすく扱いやすい反面, セキュリティ強度が低いことから通信の中身を傍受されて情報の漏えいや不正アクセスに遭う可能性があります。その対策となる Wi-Fi の代表的なセキュリティ技術として, 「WEP (ウェップ)」, 「WPA (ダブリュピーエイ)」, 「WPA2 (ダブリュピーエイツー)」, 「WPA3 (ダブリュピーエイスリー)」の方式があります (表5.2)。

(1) WEP

WEP (Wired Equivalent Privacy) は 1997 年に登場した認証方式で, 暗号化と復号に同じ鍵を使う共通鍵暗号方式が使われています。WEP は暗号解読が比較的容易で脆弱性が指摘され, 現在ではその使用は推奨されていません。

(2) WPA

WPA (Wi-Fi Protected Access) は 2002 年に発表された方式で, 一定時間ごとに暗号鍵を変更して暗号の解読をより困難にする「TKIP (Temporal Key Integrity Protocol : ティーキップ)」という仕組みを取り入れた方式です。TKIP によってセキュリティはより高められていますが, WEP と同様に暗号解読が比較的容易で脆弱性が指摘されています。

(3) WPA2

WPA2 (Wi-Fi Protected Access 2) は, WPA をより高度な暗号化技術でパスワードを設定する共通鍵暗号アルゴリズムである AES (5.2.1 項参照) に改良した方式です。WPA と同様に暗号化した通信内容を解読できる脆弱性が指摘されています。

（4）WPA3

　WPA3 は Wi-Fi Alliance（ワイファイ・アライアンス）という業界団体が2018年6月に発表した無線 LAN のセキュリティを強化する新しいプロトコルのことです。WPA3 は WPA2 の後継にあたる方式で WPA や WPA2 の脆弱性を解消し，特に重要なデータを扱う企業などに対して，機密データの暗号化を実現する機能を提供しています。

表5.2　WEP, WPA, WPA2, WPA3 の特徴

セキュリティの強度	方式	特徴
低い ↓ 高い	WEP	暗号化と復号に同じ鍵を使う共通鍵暗号方式 暗号解読が比較的容易
	WPA	TKIP を取り入れた方式 暗号解読が比較的容易
	WPA2	AES（Advanced Encryption Standard）に改良した方式 暗号解読が比較的容易
	WPA3	機密データの暗号化を実現する機能を追加 WPA と WPA2 の脆弱性を解消

5.3.2　ファイアウォール

　ファイアウォールとは日本語で「防火壁」という意味で，信頼性のある企業内などの内部ネットワークと信頼性の薄い外部ネットワーク（インターネット）の間で出入りする情報（パケット）を監視し，決められたルールに従って情報を通したり破棄したりするセキュリティ技術のことです。

　ネットワーク同士を接続するために設置するコンピュータや通信装置（ルータなど）を「ゲートウェイ (gateway)」といい，ゲートウェイはプロトコルやシステムを相互に変換し，異なる仕様や仕組みのネットワークに属するコンピュータ同士の接続を可能にする役割を担っています。ファイアウォールは，インターネットと内部ネットワークの境界であるゲートウェイに設定されます。

　代表的なファイアウォールとして「パケットフィルタリング方式」と「アプリケーションゲートウェイ方式」の2つの方式があります。

(1) パケットフィルタリング方式

　パケットフィルタリング方式は，ルータなどの装置を利用してゲートウェイを通るパケットのヘッダ部分に含まれる「送信元と宛先の IP アドレス」，「送信元と宛先のポート番号」などを確認し，ネットワーク管理者が設定するフィルタリング（通過させるパケットの選別）規則に基づいてパケットを中継（許可）するべきか，遮断（拒否）するべきかの判断を行う方式です（図 5.4）。

　なお，遮断（拒否）するべきと判断された場合は，「パケットドロップ（パケットを暗黙に破棄）」するか，「拒否（廃棄してパケットの送信元にエラー送信）」します。

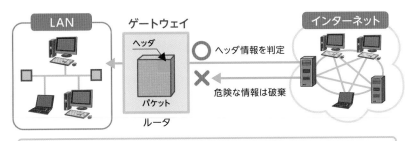

図 5.4　パケットフィルタリング方式の仕組み

(2) アプリケーションゲートウェイ方式

　アプリケーションゲートウェイ方式は，プロキシサーバのセキュリティ機能（1.7.5 項参照）を応用する仕組みで，インターネットからのデータをいったんプロキシサーバで遮断してセキュリティの確保を行います。これにより，プロキシサーバとインターネット上のサーバ間でのデータのやり取りはプロキシサーバを経由することになり，データの中身も検査して，「中継するデータ」と「遮断するデータ」のフィルタリングを行います（図 5.5）。また，クライアントからはプロキシサーバを通してアクセスすることで，インターネット側からはクライアントではなくプロキシサーバと通信している仕組みになります。これにより，内部ネットワークの利用

者（パソコン）のIPアドレスなどの情報を隠すことができ，インターネット上での匿名性を確保して内部ネットワークへの攻撃の危険を回避しています。

パケットを開封してデータの中身までを検査することが可能で，パケットを中継（許可）するべきか，遮断（拒否）するべきか判断する

図5.5　アプリケーションゲートウェイ方式の仕組み

5.3.3 DMZ

　企業内などのネットワークでは，インターネットに公開する必要があるWebサーバやメールサーバなどが設置されることがあります。これらのサーバへはインターネットからのアクセスを許可する必要があり，このアクセス許可により内部ネットワークのセキュリティに脆弱性をもたらす可能性があります。

　このセキュリティ対策として，例えばWebサーバの80番 (HTTP) のポート番号やメール送信の25番 (SMTP) のポート番号だけを通過可能に設定する方法がありますが，このポート番号による対策では内部ネットワークに不正な侵入を受ける可能性もあります。

　そこで，内部ネットワークとは分離して別の公開専用のネットワークのエリアを設定し，そのネットワーク内にインターネットへの公開が必要なWebサーバやメールサーバを設置する方法があります（図5.6）。このような公開専用のネットワーク領域を「**DMZ** (De Militarized Zone：ディーエムゼット)」といいます。

　なお，図5.6に示したインターネットから直接アクセスが可能なネットワークを「**バリアセグメント**」，ファイアウォールから内部方向のネットワークを「**内部セグ**

メント」といいます。DMZではインターネットからWebサーバやメールサーバに不正な侵入があった場合でも，DMZから内部セグメントへはアクセスができないように設定して内部セグメントのセキュリティを確保する仕組みになっています。

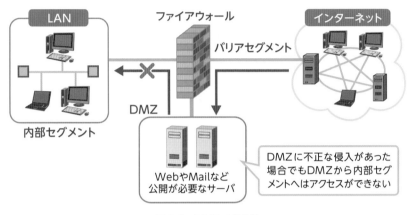

図5.6　DMZの仕組み

5.4　VPN

5.4.1　VPNとは

　ネットワークにおいて安全にデータのやり取りを行う方法は，例えば自社専用の回線や電話回線によって2拠点間を結んで通信することですが，専用線を使用するには特別な費用が必要となります。そこで，専用線は使用しないで安全にインターネットを利用する方法として「**VPN**（Virtual Private Network：ブイピーエヌ）」という技術があります。

　VPNは，VPN対応のルータなどのVPN装置を用いてインターネット上に仮想的なトンネル（仮想の専用線）を構築してセキュリティを確保する技術です（図5.7）。

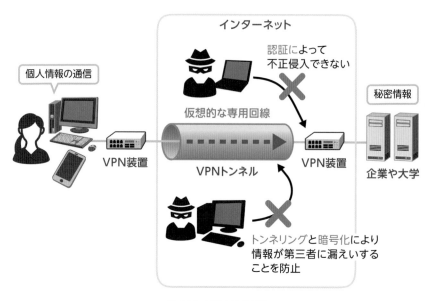

図 5.7　VPN の仕組み

　VPN は，主に「**トンネリング**」と「**カプセル化**」の技術を用いて実現されます。トンネリング (tunneling) は，インターネットの回線上に仮想的なトンネルとなる通信経路を構築し，その経路に暗号化したデータを通信する技術です。この仕組みによって第三者による情報窃盗が難しくなります。

　カプセル化では，トンネルを通すパケットを，本来とは別のダミーとなるプロトコルで覆い隠して保護し，パケットをひとまとめにして送信することでデータの機密性を高めています。

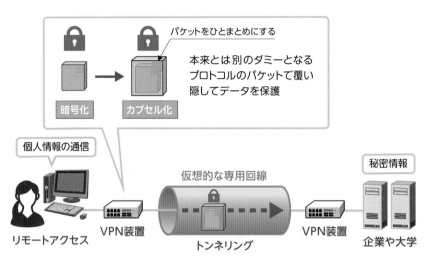

図 5.8 　VPN の「トンネリング」，「カプセル化」，「暗号化」

5.4.2 IP-VPN とインターネット VPN

VPN は通信プロトコルとして TCP/IP を使用しますが，インターネットには接続しないで閉域的なネットワークを使用する「**IP-VPN**」と，インターネットを使用する「**インターネット VPN**」があります。また，インターネット VPN には「IPsec-VPN」と「SSL-VPN」の 2 種類があります。

(1) IP-VPN

IP-VPN (IP Virtual Private Network) は，インターネットには接続しないで通信事業者独自の閉域ネットワークを用いる VPN です。IP-VPN には帯域幅などの通信品質の保証があるため速度低下や遅延のリスクは少なく，高いセキュリティ性を確保できます。また，帯域に応じた使用料金を設定することも可能で，専用回線よりも回線コストを低く抑えるメリットがあります。

IP-VPN では，パケットの行先を IP アドレスではなく「ラベル (Label)」を用いて転送動作を簡略化する「**MPLS** (Multi-Protocol Label Switching)」というパケット転送技術を採用して高速なデータ転送を実現しています。

（2）インターネット VPN

　インターネット VPN では，データ通信にインターネット回線を用いることから IP-VPN と比べて安価にサービスを提供できます。一方で，不正アクセスなどのセキュリティの問題や回線が混雑したときの通信速度の低下というリスクをもっています。

　インターネット VPN の代表的な通信方式として，IPsec-VPN と SSL-VPN があります。

① IPsec-VPN

　IPsec-VPN は OSI 参照モデル（2.1 節参照）のネットワーク層で実装される技術で，「**IPsec** (Internet Protocol Security)」という技術を用いて，データを暗号化して通信内容の盗聴と改ざんの検知の機能を実現した VPN です。IPsec は 1990 年代前半から開発が始まった技術で，AH，ESP，IKE の 3 つのプロトコルから構成されます（表5.3）。

　AH (Authentication Header) は，パケットが改ざんされていないかなど，パケットの安全性の確保と認証を行うためのプロトコルです。なお，AH には暗号化の機能はありません。ESP (Encapsulating Security Payload) は，パケットの転送において機能し，データ部の暗号化と認証を行うためのプロトコルです。IKE (Internet Key Exchange) は，通信相手の認証と安全な鍵情報の交換を行うためのプロトコルです。

表5.3　IPsec の 3 つのプロトコルの機能

プロトコル	機能
AH	パケットの安全性の確保と認証 暗号化の機能はもたない
ESP	データ部の暗号化と認証
IKE	通信相手の認証と安全な鍵情報の交換

② SSL-VPN

　SSL-VPN は OSI 参照モデルのセッション層で実装される技術で，VPN で送受

信するデータを「SSL (Secure Sockets Layer)」，または SSL の後継である「TLS (Transport Layer Security)」という技術で暗号化し，送受信者の間のデータを相互に転送する仮想の専用回線を作る仕組みです。

VPN の種類と機能を整理すると，表 5.4 になります。

表 5.4　VPN の種類と仕組み

VPN の種類		VPN の仕組み
IP-VPN		インターネットとは別に構築された通信事業者の閉域ネットワークを用いた VPN
インターネット VPN	IPsec-VPN	OSI 参照モデルのネットワーク層で実装される VPN IPsec (Internet Protocol Security) を用いて，送受信するデータを暗号化し，通信内容の盗聴と改ざんの検知を行う機能を実現した VPN
	SSL-VPN	OSI 参照モデルのセッション層で実装される VPN SSL (Secure Sockets Layer) または TLS (Transport Layer Security) で暗号化し，送受信者の間のデータを相互に転送する仮想の専用回線を作る VPN

演習問題

問題 5.1

暗号方式に関する記述のうち，適切なものはどれか。

（応用情報技術者　令和 2 年 秋期 午前 問 42）

（ア）AES は公開鍵暗号方式，RSA は共通鍵暗号方式の一種である。

（イ）共通鍵暗号方式では，暗号化および復号に同一の鍵を使用する。

（ウ）公開鍵暗号方式を通信内容の秘匿に使用する場合は，暗号化に使用する鍵を秘密にして，復号に使用する鍵を公開する。

（エ）デジタル署名に公開鍵暗号方式が使用されることはなく，共通鍵暗号方式が使用される。

問題 5.2

WPA3 はどれか。

（基本情報技術者　令和元年 秋期 午前 問 37）

（ア）HTTP 通信の暗号化規格

（イ）TCP/IP 通信の暗号化規格

（ウ）Web サーバで使用するデジタル証明書の規格

（エ）無線 LAN のセキュリティ規格

問題 5.3

a〜d のうち，ファイアウォールの設置によって実現できる事項として，適切なものだけをすべて挙げたものはどれか。

（IT パスポート　令和 4 年 春期 問 64）

（a）外部に公開する Web サーバやメールサーバを設置するための DMZ の構築

（b）外部のネットワークから組織内部のネットワークへの不正アクセスの防止

(c) サーバルームの入り口に設置することによるアクセスを承認された人だけの入室

(d) 不特定多数のクライアントからの大量の要求を複数のサーバに動的に振り分けることによるサーバ負荷の分散

(ア) a, b　　　(イ) a, b, d　　　(ウ) b, c　　　(エ) c, d

問題 5.4

外部と通信するメールサーバを DMZ に設置する理由として，適切なものはどれか。

(IT パスポート　令和元年 秋期 問 92)

(ア) 機密ファイルが添付された電子メールが，外部に送信されるのを防ぐため

(イ) 社員が外部の取引先へ送信する際に電子メールの暗号化を行うため

(ウ) メーリングリストのメンバのメールアドレスが外部に漏れないようにするため

(エ) メールサーバを踏み台にして，外部から社内ネットワークに侵入させないため

問題 5.5

VPN の説明として，適切なものはどれか。

(IT パスポート　平成 29 年 秋期 問 85)

(ア) アクセスポイントを経由せず，端末同士が相互に通信を行う無線ネットワーク

(イ) オフィス内やビル内など，比較的狭いエリアに構築されるネットワーク

(ウ) 公衆ネットワークなどを利用して構築された，専用ネットワークのように使える仮想的なネットワーク

(エ) 社内ネットワークなどに接続する前に，PC のセキュリティ状態を検査するために接続するネットワーク

演習問題の解答・解説

問題 5.1　　　　　　　　　　　　　　　　　　　　　　　　　　　正解　（イ）

（**ア**）AES は，無線 LAN などに使われる「共通鍵暗号方式」のアルゴリズムの 1 つです。一方，RSA は素因数分解の仕組みを利用した暗号アルゴリズムで，「公開鍵暗号方式」で使われます。

（**イ**）共通鍵暗号方式では，暗号化と復号に同じ鍵を使用します。（正解）（5.2.1 項参照）

（**ウ**）公開鍵暗号方式では，暗号化と復号に別々の異なる鍵を使い，暗号化に使用する鍵は「公開鍵」となり，復号に使用する鍵は「秘密鍵」として厳重に管理します。

（**エ**）デジタル署名とは，利用者認証を行う本人であること，データの内容に改ざんがないことを証明するための暗号化された署名データのことです。デジタル署名は，公開鍵暗号方式の鍵ペアのうち，利用者の秘密鍵を使用して生成します。

問題 5.2　　　　　　　　　　　　　　　　　　　　　　　　　　　正解　（エ）

（**ア**）HTTPS (HyperText Transfer Protocol Secure)，または TLS (Transport Layer Security) の HTTP 通信に関する記述です。

（**イ**）IP パケットを暗号化して通信を実現するためのプロトコルである「IPsec (Internet Protocol Security)」に関する記述です。

（**ウ**）国際電気通信連合 (ITU-T) によって定められている「ITU-T X.509」など Web サーバで使用するデジタル証明書の規格に関する記述です。

（**エ**）無線 LAN (Wi-Fi) のセキュリティ規格である「WPA3」に関する記述です。（正解）（5.3.1 項参照）

問題 5.3　　　　　　　　　　　　　　　　　　　　　　　　　　　正解　（ア）

（**a**）ネットワークを外部セグメント，内部セグメント，DMZ に分離して各セグメント間の通信をファイアウォールで制御・管理します。（適切）（5.3.3 項参照）

（**b**）外部のネットワークから組織内部のネットワークへの不正アクセスの防止は，ファイアウォールの主な役割です。（適切）（5.3.2 項参照）

（**c**）ファイアウォールは通信を制御する技術であり，人の出入りの制御に使

うことはありません。

（d）ファイアウォールには，大量の要求を複数のサーバに動的に振り分ける負荷分散を行う機能はありません。

この場合，（a）と（b）が適切な事項なので（ア）が「正解」です。

問題 5.4   正解（エ）

（ア）上長などの第三者がメール誤送信防止画面で確認を行う機能である「上長承認機能」などに関する記述です。

（イ）暗号化技術と電子署名を用いて，安全に電子メールを送受信する規格である「S/MIME（Secure / Multipurpose Internet Mail Extensions：エスマイム）」などに関する記述です。

（ウ）メールの受信者にメールアドレスが見えないように送信（連絡）できる「Bcc」に関する記述です。

（エ）社内ネットワークとは分離して別の公開専用のネットワークのエリアを設定し，そのネットワーク内にインターネットへの公開が必要な Web サーバやメールサーバを設置する「DMZ」に関する記述です。

DMZ にメールサーバを設置すると，メールサーバを踏み台にして外部から社内ネットワークに侵入することを防ぐことができます。（正解）（5.3.3 項参照）

問題 5.5   正解（ウ）

（ア）無線 LAN における「アドホック (ad hoc) 接続（アクセスポイントを経由せずにクライアント同士が直接接続して通信を行う）」に関する記述です。なお，アクセスポイントとはスマートフォンなどの無線通信機能がついた端末を Wi-Fi に接続するための機器のことです。

（イ）「LAN (Local Area Network)」に関する記述です。

（ウ）インターネット上に仮想の専用線を構築してデータ通信を可能にすることでセキュリティを確保する技術であるVPNに関する記述です。（正解）（5.4.1項参照）

（エ）社内のパソコンなどをネットワークに接続する際，通常の認証機能に加えてウイルスなどに感染していないかなどセキュリティ上の問題の有無を検査して，問題がある場合にはネットワークへの接続を拒否する「検疫ネットワーク」に関する説明です。

参考文献

[1] 岡嶋裕史. 令和 04 年 ネットワークスペシャリスト合格教本. 技術評論社, 2021, 640p.

[2] 網野衛二. 図解でやさしくわかる ネットワークのしくみ超入門. 技術評論社, 2022, 192p.

[3] 増田若奈. 本当にやさしく学びたい人の！絵解きネットワーク超入門. 技術評論社, 2019, 192p.

[4] 三和義秀. ネットワークリテラシ入門. 共立出版, 2008, 127p.

[5] Qiita 株式会社. ルーティングテーブルを理解する - Qiita.
https://qiita.com/cafedrip/items/8f0cc9544910cba23be8/（参照 2023-02-01）

[6] ポート株式会社. IT コラム ¦ ネットビジョンアカデミー.
https://www.netvisionacademy.com/column/（参照 2023-04-01）

[7] せかチャン 菅原. 【プロ講師が教える】ルーティングの仕組みやルーティングテーブルの見方【高校情報 I】4-6 ルーティング – YouTube.
https://www.youtube.com/watch?v=Z8tkBaBrMbM（参照 2023-05-10）

[8] 株式会社スタディワークス. IT パスポート試験ドットコム.
https://www.itpassportsiken.com/（参照 2023-03-01）

[9] 株式会社スタディワークス. 基本情報技術者試験ドットコム.
https://www.fe-siken.com/（参照 2023-03-15）

[10] 株式会社スタディワークス. 応用情報技術者試験ドットコム.
https://www.ap-siken.com/（参照 2023-04-01）

[11] 株式会社スタディワークス. ネットワークスペシャリストドットコム.
https://www.nw-siken.com/（参照 2023-02-10）

[12] 株式会社モンスターラボ. IoT とは何か？ 活用事例を交えて意味や仕組みをわかりやすく簡単に解説.
https://monstar-lab.com/dx/technology/about-iot/（参照 2023-04-11）

[13] アイティーエム株式会社. OSI 参照モデルとは？ TCP/IP との違いを図解で解説.
https://www.itmanage.co.jp/column/osi-reference-model/（参照 2023-04-1）

[14] 株式会社セラク. OSI 参照モデルをわかりやすく解説.
https://www.seraku.co.jp/tectec-note/industry/osi-reference-model/（参照 2023-02-11）

[15] まつ. IT を分かりやすく解説 暗号化と復号の仕組みを図解で分かりやすく解説.
https://medium-company.com/（参照 2023-04-11）

[16] 株式会社 Innovation & Co. IT トレンド. 暗号化とは？ 仕組み・種類・方法など基礎知識をわかりやすく解説！
https://it-trend.jp/encryption/article/64-0069（参照 2023-04-25）

[17] ローム株式会社. マイコンが扱う信号.
https://www.rohm.co.jp/electronics-basics/micon/mi_what3（参照 2023-05-20）

[18] みやた ひろし. 図解入門 TCP/IP 仕組み・動作が見てわかる. SB クリエイティブ, 2020, 432p.

索　引

あ行

か行

【著者紹介】

三和義秀（みわ よしひで）

愛知淑徳大学 人間情報学部 教授・博士（情報学／筑波大学）

主要著書

『やさしいJavaの入門書』，共立出版，2010年（監修）
『Excelで学ぶやさしい統計処理のテクニック 第3版』，共立出版，2010年
『コンピュータ入門Ⅰ：Windows操作からWord，PowerPointまで』，共立出版，2007年（共著）
『コンピュータ入門Ⅱ：コンピュータの基礎知識からExcelと統計処理まで』，共立出版，2007年（共著）
『例題で学ぶC言語プログラミングのテクニック』，共立出版，2005年（共著）
『情報技術基礎Ⅰ：情報科学の基礎からInternet，Excelまで』，共立出版，2005年（共著）
『情報技術基礎Ⅱ：Windows，Word，PowerPointを中心に』，共立出版，2005年（共著）
『ネットワークリテラシ：ユビキタス社会におけるネットワーク活用のテクニック』，共立出版，2003年
『入門Javaプログラミングのテクニック』，共立出版，2001年
『情報処理のテクニック』，共立出版，1999年（共著）
　その他，C言語，COBOLなど，プログラム言語に関する著書

ネットワーク技術入門
An Introduction to Network Technology

2023年11月15日　初版1刷発行

著　者　三和義秀　© 2023

発　行　共立出版株式会社／南條光章
東京都文京区小日向4丁目6番19号
電話　03-3947-2511番（代表）
郵便番号 112-0006
振替口座 00110-2-57035番
www.kyoritsu-pub.co.jp

組　版　IWAI Design
印　刷　精興社
製　本　ブロケード

検印廃止
NDC 007
ISBN 978-4-320-12571-1

一般社団法人
自然科学書協会
会員

Printed in Japan